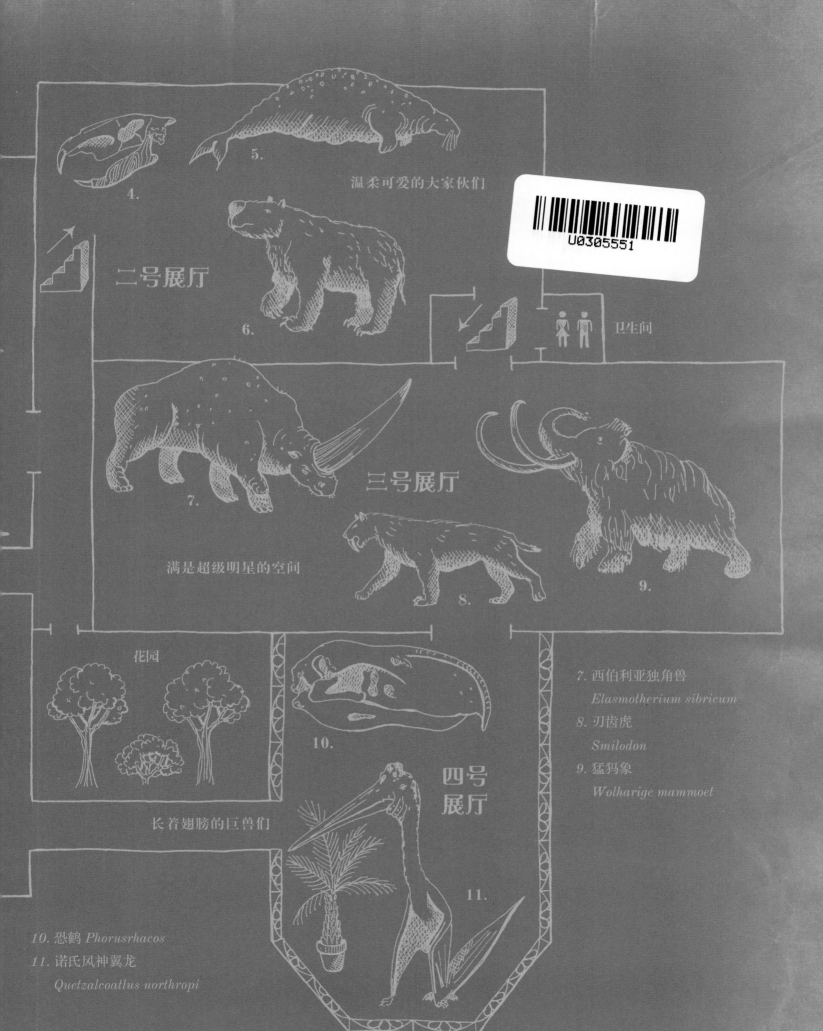

温柔可爱的大家伙们

二号展厅

卫生间

三号展厅

满是超级明星的空间

花园

四号展厅

长着翅膀的巨兽们

7. 西伯利亚独角兽
Elasmotherium sibricum

8. 刃齿虎
Smilodon

9. 猛犸象
Wolharige mammoet

10. 恐鹤 *Phorusrhacos*

11. 诺氏风神翼龙
Quetzalcoatlus northropi

U0305551

DE EENHOORN
EN ANDERE FANTASTISCHE DIEREN DIE OOIT LEEFDEN
LOTTE STEGEMAN
MARIEKE NELISSEN

怪兽书

自然博物馆里的神奇动物

[荷兰] 洛特·斯蒂格曼　著

[荷兰] 马莉克·尼尔森　绘

张佳琛　译

北京联合出版公司
Beijing United Publishing Co.,Ltd.

图书在版编目（CIP）数据

怪兽书 /（荷）洛特·斯蒂格曼著；（荷）马莉克·
尼尔森绘；张佳琛译 .—北京：北京联合出版公司，
2023.4

ISBN 978-7-5596-6570-6

Ⅰ.①怪… Ⅱ.①洛… ②马… ③张… Ⅲ.①古动物
—儿童读物 Ⅳ.① Q915-49

中国国家版本馆 CIP 数据核字（2023）第 011496 号

北京市版权局著作权合同登记　图字：01-2023-0457

De eenhoorn en andere fantastische dieren die ooit leefden © 2020 by Lotte
Stegeman and Marieke Nelissen
Originally published by uitgeverij Luitingh–Sijthoff B.V., Amsterdam

怪兽书

De eenhoorn en andere fantastische dieren die ooit leefden

作　　者：[荷兰] 洛特·斯蒂格曼
绘　　者：[荷兰] 马莉克·尼尔森
译　　者：张佳琛
出 品 人：赵红仕
责任编辑：夏应鹏
策划编辑：李秋玥
营销编辑：王柏迪　李荣荣
装帧设计：彭振威设计事务所
特约监制：上官小倍
出版统筹：慕云五　马海宽
专家审校：张劲硕　王传齐　王　维

北京联合出版公司出版
（北京市西城区德外大街83号楼9层　100088）
北京联合天畅文化传播公司发行
北京盛通印刷股份有限公司　新华书店经销
字数110千字　787毫米×1092毫米　1/8　14.25印张
2023年4月第1版　2023年4月第1次印刷
ISBN 978-7-5596-6570-6
定价：128.00元

献给皮特

前 言

欢迎来到灭绝动物自然博物馆，我们即将开启一段冒险之旅。"灭绝"听起来好像很可怕，但其实是一件非常正常的事情。在绝大多数情况下，我们不需要太担心这件事。可以想象一下，如果地球上曾经存在过的生物都没有灭绝，那么我们现在生活的环境可就完全不一样了。我们可能会经常看到霸王龙、刃齿虎和猛犸象在街上走来走去；海洋也会成为像潜艇那么大的鲨鱼，以及嘴如报废汽车压缩机那么大的鱼类的天下；还有和奶牛差不多大的豚鼠、13 米长的巨蟒……读完这本书，你就知道那些（幸好）灭绝了的动物都长什么样子了。

在自然世界里，没有什么是一成不变的。所有的东西都在发生改变，都在不停运动，没有什么是永恒的。也许这才是最重要的那条自然法则：所有东西都会发生变化，自然世界也会随之发生变化。动物也会发生改变（也就是我们平常说的进化），因为如果它们不改变，就会被自然界淘汰。只是有些时候——虽然这种情况很少发生——变化发生得太突然了，很多生物都来不及适应它。这种巨大的变化可以是大规模的火山喷发、海面的高度发生变化（比如上升或者下降一百米），又或者一颗巨大的陨石撞击地球。就算有些动物能在灾难之后存活下来，也不能算是幸运的。它们基本都面临着同样的命运——死亡，超过一半的物种会直接灭绝。我们把这种现象叫作"生物大灭绝"。这本书里介绍的很多生物都是在生物大灭绝中消失的，最典型的就是霸王龙。

洛特·斯蒂格曼的自然博物馆里除了展厅之外，还有一个等候室。在这个等候室里，全是那些濒危的动物，比如墨西哥钝口螈和穿山甲。至于这些动物的命运是从等候室里走出去、重新回到大自然的怀抱中，还是要被搬进灭绝动物自然博物馆，和猛犸象、渡渡鸟还有巨儒艮做伴，其实是由我们人类来决定的。如果它们真的灭绝了，那么这些死掉的小可怜就会被摆在架子上或者泡进灌满甲醛溶液或酒精的罐子里，旁边摆着一块板子，写着：灭绝。

灭绝是一种很正常的现象，我们也许会觉得很可惜，却再自然不过。一切都在发生变化。但是，如果一个物种的灭绝是因为人类贸然行事，那么这种灭绝就不再是自然的了。那会是一件非常愚蠢、非常没有意义的事情。我希望洛特·斯蒂格曼的灭绝动物自然博物馆就保持现在的样子，不要再增加新的展品。不过，也请你尽情欣赏现在展出的这些神奇动物吧！

[荷兰] 耶勒·勒尔莫（Jelle Reumer），古生物学家

1

欢迎光临

欢迎欢迎，热烈欢迎！现在，请脱掉你的外套，存好你的背包，擦干净你的眼镜，举起你的相机：一场精彩绝伦的冒险之旅即将开启。你就在这座只属于你的、印在纸上的自然博物馆门口。几秒钟之后，这座博物馆的大门就将开启。

我们会顺着地球的时间轴，先进入一间放满化石的展厅，以惊人的速度回到过去，回到一个陆地和海洋都由神奇生物占据的时代。这些神奇的生物会让你感到万分惊奇、汗毛直立。我们在 6 间不同的展厅里，为你准备了 25 种神奇生物。从哥伦比亚丛林沼泽中的巨蛇，到在非洲岛屿上与各种奇怪动物共同生活的巨型象鸟，有些生物在百万年之前就已经灭绝了，有的则是在几千年，或者几百年前才灭绝。在这座博物馆里，你都能看到。

你可以一口气逛完全部的展厅，也可以今天看一间、明天看一间，或者干脆先去你最感兴趣的那间展厅。你可以自由选择参观的方式，不过我们还是给你制定了一条推荐的参观路线。在参观完介绍了 20 种灭绝动物的 5 间展厅之后，你会看到最后一个等候室，我们在那里为你准备了 5 种非常漂亮的小可怜。它们还没有灭绝，但是也离灭绝不远了。我们其实非常希望它们能够重新回归自然，想要做到这点的前提是，它们能得到应有的帮助。

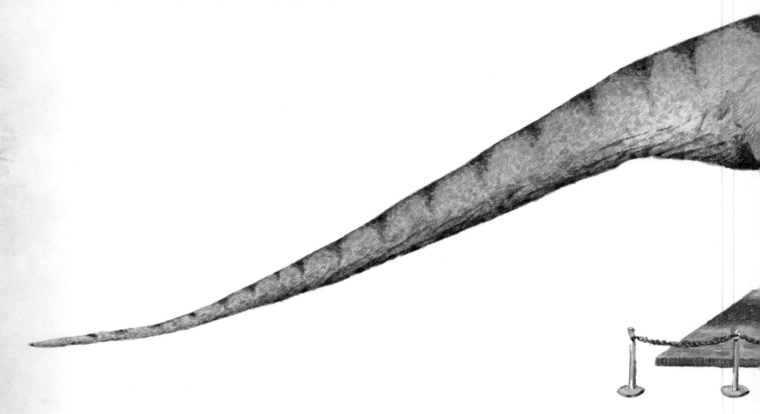

目 录

---

❶ 根据生物学命名规范，本书中出现的拉丁学名，属名和种名均为斜体，科名及科以上分类单元不做斜体处理。

地球大事年表

46亿岁——地球的年纪差不多这么大。地球是从一团由尘埃和石头组成的云中诞生的，而这些尘埃和石头又来自一场发生在140亿年前的巨大爆炸。140亿年，这个数字已经大到我们无法想象的程度了。在此之后，还要等上好多好多年，这颗奇异的星球上才会出现生命的迹象。

地球的历史大体可以分成 13 个时期，展示了生命出现、消失，又重新出现的过程。在漫长的时间里，地球逐渐变成了一个拥有众多神奇生物的星球。

前寒武纪 | 46亿年前到5亿4100万年前

地球的第一个地质年代。在这个时期，火山喷发出的岩浆让我们的星球变成了一个火球。然后这个火球慢慢冷却，持续了十亿年。冷却产生的水蒸气也让地球拥有了一些不太深的海洋。但那时的地球仍然是一个光秃秃、死气沉沉的大球，几乎都是水和石头。之后，化学物质开始发生变化，细胞产生了。这听起来非常不可思议，但是一个小小的细胞，可能就是地球上所有生命的源头。

寒武纪 | 5亿4100万年前到4亿8500万年前

这是生命爆发的时期。在那些还不算太深的海洋中，软体动物、海绵和看起来很像鱼的生物随处可见，节肢动物也开始拥有自己的领地。节肢动物就是骨骼长在身体外面而不是身体里面的那些动物，它们是蜘蛛、昆虫和贝壳类动物的祖先。

奥陶纪 | 4亿8500万年前到4亿4300万年前

海洋里越来越热闹了。我们来到了属于板足鲎、长得像章鱼的生物和其他类似鱼类的生物生存的时代。陆地上也没有那么荒凉了，因为植物开始陆续生长了。不过，到了奥陶纪末期，我们的星球变得非常寒冷，很大一部分陆地上都覆盖着厚厚的冰层。

志留纪 | 4亿4300万年前到4亿1900万年前

海洋里，很多生物都消失了。这是因为海平面下降了，很多以前有水的地方，现在都变成了陆地。就在这时，温度开始上升了。于是冰融化成了水，形成了湿地。植物发荣滋长，第一批真正的鱼类也出现了。

泥盆纪 | 4亿1900万年前到3亿5900万年前

这个时期的地球是鱼类的天堂，出现了很多新的鱼类，其中最有名的是体形巨大的盾皮鱼，长达 10 多米，嘴里没有牙齿，只有一层一层的骨板。除了盾皮鱼，海洋里很可能还生活着后来陆地生物的祖先——肉鳍鱼。它们其中一些不光有鳃，还有肺；而且它们的鱼鳍看起来已经有点儿像陆地动物的足了。

石炭纪 | 3亿5900万年前到2亿9900万年前

这个时期，地球的气候很像现在的热带，随处都能看到潮湿的沼泽，由苔藓、树木和其他植物组成的森林也出现了。因此，空气中的氧气含量也越来越高，甚至比我们现在空气中的含氧量还要高。这也是新物种产生的最佳环境。有了充足的氧气，体形巨大的奇异昆虫诞生了。第一批两栖动物爬上了陆地，和爬行动物一起生活。但这时，地球又开始降温了——冰期要来临了。

二叠纪 | 2亿9900万年前到2亿5200万年前

二叠纪的地球环境要比石炭纪的干燥一些，地球上的大部分地方都变成了荒漠。流动的水也很少，因为都被冻住了。哺乳动物的祖先和爬行动物、两栖动物一起生活在这个时期的地球上。在这个时期快结束时，一件可怕的事情发生了——虽然科学家们还不能完全确定是火山喷发还是陨石的撞击把地球变成了废墟，但结果是陆地上 70% 的生命和海洋里 90% 的生命都消失了。

三叠纪 | 2亿5200万年前到2亿零100万年前

新的生命从那些存活下来的、少得可怜的物种当中诞生了。海洋又重新焕发了活力，爬行动物和两栖动物再次在陆地上活跃了起来，空中还有动物在翱翔。在三叠纪的末期，第一批恐龙出现了，同时出现的还有第一批哺乳动物。然后，生物大灭绝再次发生了。虽然还是没有人能解释清楚这一切究竟是怎么发生的，但是恐龙在这次生物大灭绝中存活了下来。

侏罗纪 | 2亿零100万年前到1亿4500万年前

食肉恐龙、食草恐龙、大型恐龙和小型恐龙……我们来到了恐龙的时代！不过恐龙并不是唯一生活在这个环境温暖潮湿的时期的动物，哺乳动物群体也在此时的地球上发展壮大。海洋里更是热闹非凡，不仅有各种鱼类，还有鳄鱼、乌龟等爬行动物。

白垩纪 | 1亿4500万年前到6600万年前

恐龙是白垩纪时期的地球主人。好几百种不同的恐龙与数量不断增长的哺乳动物、鸟类和昆虫一起生活在地球上。在白垩纪末期，生物大灭绝又重演了。最有可能的情况是，一块巨大的陨石撞上了地球，碰撞导致大洪水，各处火山频频喷发并产生了厚厚的、由灰尘组成的黑云。最终，所有恐龙都消失了。

古近纪 | 6600万年前到2300万年前

　　恐龙的悲惨下场对其他动物来说反倒是个好消息，它们获得了继续生存、繁衍的机会。哺乳动物、昆虫和鸟类的种类和数量都越来越多，其中有很多都是我们现在还能看到的动物的直系祖先。这个时期的地球是一个热带天堂，就连北极都生活着鳄鱼。古近纪的地球从中期开始变冷，新的冰期就要来临了，地球上越来越多的地方开始变成草原。

新近纪 | 2300万年前到258万年前

　　你猜对了，地球又开始变暖了。这个时期的地球最适合哺乳动物生存，对它们威胁最大的恐龙消失了，它们可以自由自在地繁衍。哺乳动物的个头儿变得越来越大，所以这个时期也被称作"巨型动物的时代"。

第四纪 | 258万年前到今天

　　这是我们的时代。首先出现的是能人，也就是人类最早的祖先。这是一种体形很小也不太聪明的动物，还不到一米高。在第四纪，这种动物不断地发展、进化，最后变成了现在的样子——人类。这是一种十分致命的动物，他让那些曾经威猛无敌的巨型动物在这个时代消失了，也导致了很多后来物种的消失，还让很多物种在灭绝的边缘徘徊。

> 地球诞生于 46 亿年前。
> 人类诞生于 20 万年前。
> 所以在地球历史 99.9957% 的时间里，
> 人类都是不存在的。
> 在地球的时间轴上，
> 我们人类占据的历史还没有一颗图钉大。

化石讲述的故事

我们究竟是怎么知道这些的?

我们怎么知道古近纪时的北极生活着鳄鱼?还有5亿年前的地球上生活着一种跟头发丝一样细小的"小龙",又或者是6000万年前有一种能把整个班的小学生都吞进肚子里的巨蛇,直到1万年前还生活在南美洲森林里的巨大树懒……可我们又是怎么知道的?

答案是:化石

化石是指存留在岩石中的古动物或植物残片,也包括动物或植物留下的痕迹,比如爪印、通向地穴的通道、窝或留存下来的粪便。专门挖掘和研究这些化石的人叫作古生物学家。他们经常能发现一些谁都没听说过的植物或动物留下来的痕迹。然后再通过这些大大小小的化石去发现关于动物和植物的各种信息。他们的研究结果可丰富了:从这些动植物长什么样子,到它们的家庭成员、生活的地方、生活方式以及为什么它们最终灭绝了(又或者是为什么它们存活下来了)……

化石是怎么产生的?

动物死去后,和人一样,身体也会很快开始腐烂。要不了多久,它身体的绝大部分就会消失不见。但是,如果它的身体很快就被掩埋起来,比如它身上刚好有一层沙子、黏土或其他由自然材料组成的"小被子",那么这个过程就会变得不同。虽然它身上柔软的部分会腐化消失,但是那些坚硬的部分,也就是骨头和牙齿会被保存下来。地下水中丰富的矿物质会"进入"这些骨头和牙齿,用钙、硅等物质替代其中原有的物质。于是骨头和牙齿就慢慢地变成了石头,也就是——化石。因为其中有很多矿物质,所以化石的颜色和坚硬程度通常也与众不同。不过要想准确地找到化石,你还需要知道什么地方可能会有什么样的化石。

在哪里能找到化石?

如果想要发现这些历史的"碎片",我们就需要先进行挖掘。一般来说,挖掘得越深,能找到的化石就越古老。但是我们究竟该从哪里开始挖呢?其实古生物学家一般都是在书桌前开始他们的研究工作。他们会先研究这些地区的地质图,然后查找哪些地方曾经出土过化石,这样就可以推测出比较容易有"宝藏"的地方。之后,他们会带上挖掘许可证、工具和非常多的耐心出发去工作。他们去的地方通常都非常荒凉,人迹罕至。最后等待他们的就是认真地寻找了。一位有经验的古生物学家光靠肉眼就可以区分化石和普通石头。

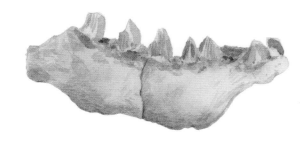

如果能找到一些有趣的东西，他们就会继续往下挖。这一步就需要用到大家伙了，有的时候，为了能一次性把大量石头清理掉，古生物学家甚至会用上推土机和炸药。不过也不是所有的工具都这么庞大，古生物学家还会用锤子和凿子敲掉多余的石块，再用毛刷把化石表面的沙砾和尘土扫掉。这些精细的工作一般会在实验室里进行，以降低出错的概率。

我们这本书只讲动物，不讲植物，对吧？

对的。如果你想了解关于古植物学，也就是研究植物化石的学科知识，就要找找看其他的书了。这本书光是讨论动物，就已经有不少内容了。

古生物学家可厉害了，能让已经灭绝很久的动物焕发出新的生机。他们会把化石从地底下挖出来，在实验室里对这些化石进行各项研究。古生物学家也是距离这些史前动物最近的人，他们甚至可以用手触摸到它们，毕竟史前动物留下的化石也是这些动物的一部分嘛。要是一位古生物学家成功地发现了一种从没被发现过的动物，那么他还可能有权利给这种动物命名呢。

最绝妙的是

我们也能一起分享古生物学家的发现。要是没有他们，我们绝不可能知道数百万年前的地球上生活着巨齿鲨这种古老的鲨鱼，我们也不会知道刃齿虎这个名字，更不会听说巨型袋鼠这种动物。让我们一起来给这些辛苦工作的古动物学家鞠个躬吧，掌声送给他们！当然了，古植物学家们也是好样儿的！

说起来，既然整个地球的历史都埋在地下，而且如果我们想要找到几千年前甚至几百万年前的化石，就必须努力往地底挖掘，那么是不是也就意味着现在的地球比46亿年前的地球要厚实很多呢？首先，土地确实会不断地被一些东西覆盖，比如树叶、尘土、垃圾等，这个过程是非常缓慢的。但是这些东西本身也来自地球。比如风会把沙漠中的沙子带到其他地方，河流也会把山上的石头运到下游的一些地方。所以我们的地球会改变它的样貌，但是并不会变得更加厚实。更准确地说，也许会变得厚实一点点，差不多就是肉眼完全观察不到的那么一小点点，因为太空中的尘埃也会降落到地球上。

一号展厅

创纪录的巨型动物们

热带巨怪蛇

泰坦蟒（*Titanoboa cerrejonensis*）

在哥伦比亚雨林的沼泽岸边，四周突然安静了下来。这里空气湿润，雾气腾腾，闷热不已。岸边的泥地里，一只巨大的、让人无比恐惧的动物正在消食。它的一半身体在岸上，另一半仍然在水里。四周的动物们早就被吓跑了，很明显，其中有一只跑得不够快。想要分辨出刚刚被这只怪兽吞掉的究竟是什么动物并不难，毕竟怪兽身上有一块像餐桌那么大的凸起。

一只巨大的龟在错误的时间出现在了错误的地点，于是它成了这条泰坦蟒的腹中餐。这个庞然大物是迄今为止人类发现的、曾经在地球上生活过的最大的蛇。成年的泰坦蟒能达到13米长，与10个小朋友躺在地上头顶头、脚对脚连起来的长度差不多。如果这条蛇立起来，高度相当于你卧室高度的5倍。你晚上躺在床上睡不着的时候，可以想象一下泰坦蟒立起来的画面。成年泰坦蟒的体重超过1000千

克，能很轻松地把一头犀牛拍扁。

研究人员在 2004 年发现了这种巨兽。准确地说，是在哥伦比亚一个叫作塞雷洪的煤矿中发现了这种巨兽的化石。这个煤矿有 1000 多个足球场那么大，到处都是尘土，灰蒙蒙的，要往下挖很深才能找到煤炭。古生物学家们就这样找到了埋在那里的化石。这对于他们来说，简直就是宝藏。通过研究化石，古生物学家认定这是一种巨大的蛇的脊椎，和其他蛇类的脊椎做对比后，他们推测出了这种蛇当时的体形，以及我们现在还能看到的蛇类有哪些地方长得像它。

古生物学家们认为，现存的、和这种生活在几百万年前的蛇的祖先最像的，是生活在南美洲的绿森蚺。它们的平均身长是 7 米，吞下一个成人也不是什么难事，而泰坦蟒的体形是绿森蚺的两倍大。刚出生的泰坦蟒也不是什么小可爱，它们一出生就和成年巨蟒差不多大，而且和巨蟒宝宝一样，一出生就能够独立生活。

泰坦蟒通常喜欢在哥伦比亚雨林的沼泽里生活。会游泳的人都知道，我们在水里会感到体重变轻了，这是因为水的浮力会把我们的身体托起来。对于泰坦蟒来说，拖动着那么长的

15

身体在地上爬行可不是什么轻松的事情，更别提让重达 1000 多千克的它去爬树了。万幸的是，这种巨大的蛇会游泳。脊柱灵活、拥有 250 节椎骨的泰坦蟒，能以漂亮的"S"形在水中平稳前进。

古生物学家们推测，泰坦蟒虽然会游泳，但是大部分时间都躺在水里一动不动。它会把自己藏在各种水生植物和腐烂的动物尸体间，等待猎物上门。它们的头超过半米长，嘴巴长满尖牙，可以张到非常大。只要缠住猎物，它们就会把那不走运的家伙从头到脚，连着骨头一起吞下去。它的食谱包括：4 米长的鳄鱼、2 米长的鱼、餐桌那么大的龟。只是乌龟满身都是骨头，泰坦蟒大概会消化不良。

泰坦蟒在南美洲雨林里称王称霸的时候，恐龙已经灭绝了。虽然在古近纪的地球上还生活着其他的巨型动物，但是它们估计都不敢去挑战泰坦蟒。这种灰褐色的大蛇是当之无愧的雨林之王。

它的名字是怎么来的？

"Titanoboa"这个词是由两个单词组成的，"boa"是蟒蛇，而"titan"则是巨人的意思，合起来就是巨大无比的蟒蛇。

它生活在什么时候？

6500 万年前到 6000 万年前。

它为什么会消失？

它消失的原因可能是气候变化。一般来说，气温比较低的地方，蛇类的体形也较小。这是因为这些冷血的爬行动物需要外部的热量来帮助它们保持温暖。热量也是蛇类能够保持活力和继续生长所必需的。而且如果温度降低，雨林就会逐渐消失，被草原替代。草原对泰坦蟒来说可不是什么理想的家园。

我再多说两句

根据古生物学家们的推测，蛇类很可能是 9000 万年前到 6500 万年前生活在海里的海生鬣蜥的后代。但这类海生鬣蜥是有爪子的，所以蛇类可能在进化的某一个环节里失去了爪子，只能靠爬行前进了。

相当魁梧的恐龙

巴塔哥泰坦龙（*Patagotitan mayorum*）

美国自然博物馆位于纽约市中心那座著名的中央公园旁边，它不仅建筑宏丽，里面的展厅也特别宽敞，藏品繁多。但即使在这样宽敞的博物馆里，还是有一种动物的复原模型大到一个展厅都放不下。它叫作巴塔哥巨龙，也叫巴塔哥泰坦龙。它大到什么程度呢？它的身体在一间展厅里，头却伸到了隔壁展厅。

古生物学家们曾经花了很长时间争论到底哪种恐龙才是最大的。一个说："无畏龙肯定是最大的。"另一个则反驳说："不对，阿根廷龙才是最大的。"然后第三个人跳出来说："你们别吵了，双腔龙明明比它们两个都大！"也不能怪这些古生物学家为了这件事争论不休，毕竟最后的冠军能够一下子拿走两项世界纪录，它不仅将成为最大的恐龙，还将同时成为曾经在陆地上生活过的最大的动物。2017 年，冠军的头衔终于有了归属，它属于——巴塔哥泰坦龙。

时间回到 2008 年，阿根廷南部的一个农夫发现了第一根属于这种恐龙的骨头。于是一群古生物学家蜂拥而至。在发现那周围还有很多属于这种巨型恐龙的化石之后，这些古生物学家别提有多高兴了。他们开始努力地把这些化石从地下挖出来，然后送到博物馆里继续进行研究。这可不是什么轻松的工作，整个过程持续了好几年的时间。不过所有的努力都是值得的，研究成果非常丰硕。古生物学家们一共找到了 6 头巨型恐龙留下来的残骸，而且其中

一头恐龙的骨架保存得相当完整：肋骨、脊椎骨、胯骨、一部分前爪、一只后爪……

在这之后，古生物学家们就开始进行计算了。如果光是一根大腿骨就有 2.5 米长、500 千克重，那么这头史前巨兽活着的时候究竟有多长、多重？毋庸置疑，它的体形肯定很庞大。需要说明的是，具体的数字是古生物学家们根据计算结果推测出来的：这种巨型恐龙的身长——从头顶到尾巴尖——能达到 37 米。陆地上现存的、体形最大的动物是非洲象。而巴塔哥泰坦龙的身长相当于 12 头非洲象头尾相连排成一队。巴塔哥泰坦龙的体重大概能达到 69000 千克，差不多和一架坐满了人的波音 737 飞机一样重。如果你曾经被马踩到过脚趾，就应该知道那种酸痛的感觉。我们应该

庆幸自己没有和巴塔哥泰坦龙生活在同一个时代，因为如果一不小心被它踩到脚趾，那就等于同时被 100 匹高头大马踩在脚上，肯定疼死了。

不过你也不用害怕它。如果它真的踩到了你，那肯定也是不小心的。毕竟对于它来说，我们实在是太小了，不注意的话可能根本看不到，就像我们一不小心可能会踩扁一只鼻涕虫一样。巴塔哥泰坦龙其实是很温和的。长长的脖子、长长的尾巴、小小的头配上笨重的身体，让巴塔哥泰坦龙变成了慢性子。站起来、躺下和奔跑对它来说都不是轻松的事情。而且作为泰坦龙属（titanosaurus）的一员，它也是温和的植食性恐龙。

古生物学家们把他们找到的所有骨头进行了扫描，制作了一个完整的巴塔哥泰坦龙数字模型。这样，我们就能根据被保存下来的部分去推测那些已经消失的部分究竟是什么样子的。在数字模型完成之后，人们就可以制作出几乎和真实的骨架没有区别的实体模型了。于是就有了那头每天在美国自然博物馆里低着头跟参观者打招呼的、真实大小的巴塔哥泰坦龙了。

和巴塔哥泰坦龙一样属于泰坦龙属的其他恐龙并不是都像它这么巨大。人们一共在全世界范围内——南极洲除外——发现了90种泰坦龙属的恐龙，其中体形最小的一种，体重还不及巴塔哥泰坦龙的十分之一。那么为什么偏偏只有那个时期，生活在阿根廷南部的恐龙会变得那么大呢？为什么巴塔哥泰坦龙的体形这么夸张？古生物学家们也觉得这些问题非常有趣。答案也许很简单：那里刚好有非常多的食物。

它的名字是怎么来的？

"*Patagotitan mayorum*" 中的 "*Patago*" 是发现恐龙的南美洲地名。"*titan*" 前文已经解释过了，在古希腊语中是"巨人"的意思。"*mayorum*" 则是为了纪念马由（Mayo）一家人。古生物学家就是在他们家的农场完成了发掘工作，而且这家人非常和善，让这些古生物学家挖了好几个月。

它生活在什么时候？

1亿年前到9500万年前。

它为什么会消失？

似乎没有人知道正确答案。

我再多说两句

巴塔哥泰坦龙很可能会一直保持自己体形最大的地位。这是因为我们目前已经发现的巨大恐龙们，其实个头儿和体重都差不多，最多也就相差10%左右。所以人们要想再发现比巴塔哥泰坦龙大很多的恐龙，可能性并不是很高。

满嘴尖牙的鲨鱼

巨齿鲨（*Megalodon*）

一头海牛正悠闲地在海里游泳，它的身边游过了好几群鱼，甚至还有一只优雅的海豚和它擦身而过。突然，周围安静了下来，安静得有点反常了。这头海牛还没来得及找到原因，就被一只巨大的怪物咬住了。

你是不是也害怕鲨鱼？但其实大部分鲨鱼和巨齿鲨比起来，都不值一提。巨齿鲨可是在几百万年前让海里所有的动物都闻风丧胆的生物。当然了，南极附近海洋里的动物不需要太害怕，因为巨齿鲨不喜欢太冷的地方。它是曾经在地球上生活过的体形最大的鲨鱼，但是我们并不确定它究竟能长到多长。我们基本可以确定的是，最小的成年巨齿鲨也有 12 米长。

大部分人之所以会害怕鲨鱼，是因为它们的血盆大口里长着一排一排的尖牙。不管是动物还是人——甚至还有船——都不能从它们的口中逃脱，不过这些大多是我们从电影里看来的。说实话，大白鲨确实做过攻击冲浪者或游泳者这种事，但和巨齿鲨比起来，大白鲨真的不算什么。巨齿鲨不光身体非常庞大，它的嘴也很大：差不多有 3 米宽、2 米高。如果巨齿鲨张开嘴乖乖等着，那么半个班的学生排队走进去都不是什么大问题。

别忘了它嘴里还有牙齿。因为巨齿鲨的牙齿非常坚硬，基本不会腐坏，所以有很多牙齿化石保存了下来，这些牙齿差不多有人的手掌那么大。而一条巨齿鲨有很多排牙齿，平均每排牙齿上有 24 颗上牙和 22 颗下牙。

它的名字是怎么来的？

"Megalodon" 在古希腊语中是"巨大的牙齿"的意思。

它生活在什么时候？

2300 万年前到 360 万年前或者 260 万年前。没有人知道它具体是在什么时间灭绝的。

它为什么会消失？

我们还不清楚。也许是气候变化导致的。在巨齿鲨快要消失的那段时间，海水的温度变低了。不过它灭绝的原因也可能是海洋里的巨大捕食者越来越多了，虎鲸就是其中之一。竞争者越多，留给巨齿鲨的食物就越少。

我再多说两句

想要准确地推测出巨齿鲨的外表其实是一件很困难的事情，因为人们到目前为止都没有发现一副完整的巨齿鲨骨架。我们之前说过，古生物学家们找到了很多巨齿鲨的牙齿，还有一些椎骨。但是巨齿鲨的骨架是由很多软骨组成的，这些软骨在巨齿鲨死后是没有办法在海水里保存下来的。

这还不算完。巨齿鲨一辈子要撕咬很多鲸、海牛、海豚和其他大大小小的海洋生物，它的牙齿可能会因为用力过猛而折断，万幸的是它还有备用的牙齿。在它的嘴里，备用牙齿就藏在我们能直接看到的那些牙齿下面，整齐地排列着，等着派上用场的那一天。

巨齿鲨不挑食，遇到什么吃什么。它的体形太大了，需要非常多的能量才能维持，它每天要吃掉600到1200千克的海洋生物。这可不是一件容易的事情。毕竟以巨齿鲨的体形来说，它并不能像其他小型海洋生物一样优雅自在地游动。那么它有什么绝招呢？我们只能推测了。它应该是选择了和大白鲨一样的战术：从猎物的下方发起攻击，张着大嘴冲上去。所以它很可能经常——在嘴里还咬着猎物的情况下——像一枚火箭一样冲出水面。

刚出生的巨齿鲨还没有掌握这种战术，但这并不意味着巨齿鲨宝宝就是人畜无害的小可爱。要知道，刚出生的巨齿鲨就有2.5米长，比一般人都要大。古生物学家们在巴拿马的海岸线附近找到了一些刚孵化的巨齿鲨和幼年巨齿鲨的牙齿。根据他们的推测，巨齿鲨可能有专门的"育婴室"。它们在水不太深的地方给这些还不成熟的巨齿鲨喂食，训练它们成为合格的捕猎者，同时也保护它们不被别的猎食者吃掉。毕竟海洋深处还生活着其他种类的鲨鱼，成年的巨齿鲨它们不敢惹，但是巨齿鲨宝宝它们却是不怕的。

偶尔会有些传闻言之凿凿地说海里还存在巨齿鲨。但是在古生物学家们看来，这完全就是胡扯。巨齿鲨早就灭绝了，真的。

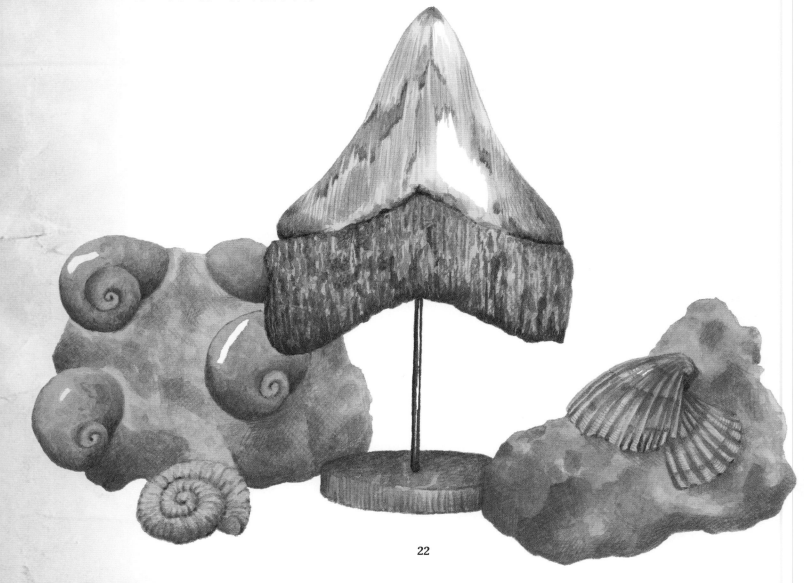

装备重型武器的骑士

星尾兽（*Doedicurus clavicaudatus*）

一个巨大、滚圆的身影正拖着沉重的身体穿过草原。它的体形和一辆小型汽车差不多，不过它有四条腿，而不是四个轮子，另外还有头和尾巴。这位沉稳的骑士身上覆盖着铠甲，好像随时可以进入战斗一样。这还不算完，它还随身携带着非常有力的武器。

星尾兽是我们所知的最大的雕齿兽科（glyptodont）动物，它们是犰狳的近亲，在地球上生活了 200 万年。星尾兽能长到 4 米长、1.5 米高。和它的现代近亲犰狳一样，它的身上也覆盖着天然的甲壳，每一片甲壳都是由更小的骨板组成的。星尾兽肚子上的甲壳最厚实，肩膀上的甲壳稍微轻薄一些，方便它活动。星尾兽的头部也覆盖着甲片，背部厚实的甲壳下面还有一个突起，它的功能很可能和骆驼的驼峰是一样的。这对星尾兽来说非常方便，碰到干旱的季节就不用担心没有东西吃了。

有些动物用强壮的后腿来打架，有些动物拥有很多排尖牙，还有些动物靠大力踢腿或者毫无预兆地刺穿敌人来发动攻击。但是在自然界里，很少有自带重型武器投入战斗的动物。星尾兽（至少是雄性的星尾兽）就有这样的武器——它的尾巴。星尾兽的尾巴看起来就像一把流星锤。这把"流星锤"上可能经常挂着一些并不是星尾兽自己想要随身携带的东西，比如它栖息的南美洲草原和树林里的树枝或树叶之类的。星尾兽尾巴上的武器是它最宝贵的防卫工具，装备最精良的中世纪骑士们应该会很渴望拥有这么有攻击力的武器吧。雄性星尾兽

很可能也是通过使用自己尾巴上的"流星锤"来进行对决，以赢取雌性星尾兽的芳心的。因为人们找到的星尾兽甲壳上，留下了很多看起来非常像被"流星锤"砸穿过的痕迹。

不过对于星尾兽来说，想要甩掉敌人也不是一件容易的事情。如果你穿过铠甲就会知道，防御值提高的代价是灵敏度降低，连回头看都会变成一件很困难的事情。所以一个聪明

的对手会选择从星尾兽的身后发动攻击。不过这也是一件容易送命的事情，行动稍微慢一点儿，就会被星尾兽的尾巴砸到。毕竟身体不灵活的话，就要靠其他的长处才能存活下来。一般的捕食者挨上这么一下的话，可能会直接晕过去。就算成功地袭击到星尾兽，这个有铠甲保护的大家伙可能也只会觉得后背有点儿痒。

人们在南美洲的许多国家——比如阿根廷和乌拉圭——都找到了星尾兽的化石。但是单凭这些化石，研究人员还是很难推断出星尾兽的生活方式。罗斯·迈克菲教授是研究星尾兽的专家，他在我们之前提到过的美国自然博物馆工作。我们还可以在这座博物馆的三层看到星尾兽的骨架。这位教授是星尾兽方面的权

威，基本上人们能够确定的事情他都知道。只可惜，我们知道的实在是不多。星尾兽之所以会这么有名，是因为它是雕齿兽科里最后一个灭绝的，差不多是在 1 万年前。当然了，它巨大的体形和奇特的尾巴也让人印象非常深刻。

古生物学家们在分析了一只生活在 12000 年前的星尾兽的 DNA 之后发现，它和我们现在还能看到的矮犰狳是亲戚。矮犰狳也有甲壳，也生活在阿根廷中部的草原上。所以如果你实在是好奇，想知道星尾兽的生活方式，也可以去了解下它那身材迷你的后代是怎么生活的。可惜的是，矮犰狳并没有继承那条标志性的尾巴。矮犰狳的自我保护方式是用几秒钟挖一个洞钻进去，看上去就像一个活的钻头。星尾兽肯定没有这项技能，它实在是太大了。

它的名字是怎么来的？

"*Doedicurus*" 的字面意思是"印章尾巴"。如果我们把它尾巴上那个流星锤的尖刺遮住，那么尾巴尖上变宽的部分就让星尾兽的整条尾巴看起来非常像一个传统欧式印章[1]。

它生活在什么时候？

200 万年前到 1 万年前。

它为什么会消失？

气候变化可能是导致星尾兽消失的原因。它消失的时间刚好是最后一次冰期来临的时候。很多巨型动物都在这时灭绝了。不过我们的祖先可能也在其中扮演了一个小角色。古生物学家们认为那时的人类很可能把雕齿兽科的动物当作捕猎对象，因为它们的肉可以吃，甲壳也可以用来制作护具。

我再多说两句

古老的雕齿兽科动物和现代的犰狳其实有非常亲近的关系。不过如果你把它们的照片放在一起对比的话，就会发现它们除了体形差距非常大之外，还有一个很明显的不同：古代雕齿兽科动物的甲壳是由一片片小小的骨板组成的，整个甲壳非常坚硬，而现代犰狳的甲壳看起来更像是串连在一起的"甲环"。

1：这里的印章指欧式传统黄铜印章，这类印章工艺复杂，把手较长，与星尾兽的尾巴颇为相似。

温柔的庞然大物

巨儒艮（*Hydrodamalis gigas*）

海浪中间那个奇怪的凸起是什么？看起来像是一艘翻了的小船。等等，我可能看错了，水面上又冒出来一个鼻子，小船可没有鼻子。那东西看起来更像一个好几米长、浮在水面上的……土豆？

1741 年，丹麦冒险家维他斯·白令决定到俄国和阿拉斯加之间的海上进行冒险之旅。在返回俄国的途中，意外发生了：白令的船在一个无人居住的荒岛上搁浅了。船上有一名叫作乔治·斯特拉的德国人，他既是随船的医生，也是博物学家。他在小岛附近的海里发现了一种以前从来没见过的、令人惊奇的动物，也就是庞大的巨儒艮。这种巨儒艮身长可以达到 10 米，重量可能超过 10000 千克。

想要仔细地观察这种动物其实并不难。这些巨儒艮并不怕人，而且它们经常会将一部分身体伸出水面。这可能是因为它们的体形实在是太大了，所以没有办法潜到很深的地方去，导致人们总觉得自己看到了一条翻了的小船。发现巨儒艮的地方纬度很高，气温很低，海水很冷。不过巨儒艮可不怕这些。它的身上有一层厚厚的脂肪，就像穿了一件超级防寒外套一样，而且这件"脂肪外套"外面还有一层很有韧性的防护层。

　　和它巨大的身体比起来，巨儒艮的头其实非常小，眼睛和耳朵就更小了，嘴唇倒是又厚又宽。它没有牙齿，嘴里只有两块巨大的骨板，勉强可以嚼得动食物。它短小但粗壮的前腿上还长着像刷子一样的爪子，让它能把找到的食物抓起来吃掉。从某种程度上来说，巨儒艮其实就是长得不那么好看的美人鱼，因为它和美人鱼一样都没有腿，只有尾鳍。

　　虽说巨儒艮在海里的样子像一个巨大的土豆。但是从行为习惯上来说，它更接近一头普通的牛。船上的那位斯特拉医生发现，它的饮食习惯跟陆地上的奶牛没有什么区别。同样都是慢吞吞地前进，找可口的食物来吃，只不过巨儒艮是在浅水里找海带而已。退潮的时候，巨儒艮会移动到离海岸比较远的地方，避免搁浅的危险。涨潮的时候，它又会随着潮水到海岸边的礁石附近找吃的。它可以用前爪把海带从礁石缝里拔出来，然后塞进嘴里。这种友善的食草动物经常一边用嘴里的两块骨板"嚼着"海藻，一边继续不紧不慢地寻找食物。每隔几分钟，它会把头伸出水面，在换气的同时发出满足的鼾声。偶尔，它也会"躺"在水面上，打一个盹儿。

按照斯特拉医生的记录，巨儒艮和普通的牛还有一个共同点：它们都是群居动物。他见到的巨儒艮群都是由好几个家庭组成的，一大群一起行动。巨儒艮夫妇会在一起度过一生，巨儒艮夫人每隔几年就会生一只巨儒艮宝宝，这只宝宝通常会和它的父母一起生活两年左右。巨儒艮父母在游泳的时候会把宝宝和它的兄弟姐妹们一起围在中间来保证它们的安全。不过，这一切都是徒劳的，毕竟它们身边有人类。这群搁浅的船员需要用旧船的残骸制造一艘新的航海船，以后还要航行好几个月才能到达俄国的海港。在此期间，他们自然需要食物。他们很快就发现，由于生活的地方没有天敌，巨儒艮非常好抓，而且它们的肉还很好吃。

这些船员抵达俄国后，就把关于这种神奇动物的故事告诉了当地的猎人，于是巨儒艮就遭殃了。因为体形巨大，一只巨儒艮就可以提供非常多的肉、脂肪、油和皮毛。而且，它虽然体形大，但是性情非常温和。猎人们可以把船开到离巨儒艮非常近的地方，然后用鱼叉对准它们捕杀。只要有一只巨儒艮受伤，这个族群里的其他巨儒艮就会赶过来，努力地想把猎人们的船顶翻，好救走受伤的巨儒艮，这也不能怪巨儒艮，是这些猎人太狠心了。就算这样的捕猎发生过很多次，巨儒艮还是学不会逃跑，而是继续留在原地悠闲地游动。就这样，在斯特拉医生发现巨儒艮后不到30年，最后一只巨儒艮就从地球上消失了。

幸好斯特拉医生当时没有只顾着治疗船上生病的水手们，他留下来的笔记里还记录了很多关于巨儒艮的事情。可是这对巨儒艮来说其实也算不上什么好事，因为如果这艘船从来没有到过这个地方，那么这些性情温和的巨兽也许就会有不一样的结局。所以说，有时候被人类发现并不是什么好事。

它的名字是怎么来的？

巨大的、生活在海里的牛。它的英文名"Steller's Sea Cow"（斯特拉海牛）是用它的发现者斯特拉的名字命名的。

它生活在什么时候？

从最后一次冰期到1768年。曾经也出现过几次传言，说世界上最后一群巨儒艮其实还活着。在1977年还有人声称见到了真的巨儒艮。但是直到现在，也没有人能拿出照片或其他证据。说自己看到巨儒艮的人，有没有可能只是看到了一艘翻倒的船？还是说，真的有这么一群聪明可爱的"巨型土豆"在跟人们玩捉迷藏？

它为什么会消失？

它被发现之后不久，就开始被人捕杀，直到灭绝。

我再多说两句

巨儒艮还有两种亲戚生活在地球上：海牛和儒艮。只可惜人类并没有从巨儒艮的悲惨结局中吸取教训，温柔可爱的海牛和儒艮仍然在被人类捕杀。

懒洋洋的食草巨兽

大地懒（*Megatherium*）

一只毛茸茸的大家伙正慢悠悠地迈着大步子向着一棵好几米高的树前进。它看起来悠闲自在，动作轻松——只有两条后腿发力，两条前腿正在它瘦瘦长长的身体两边晃悠呢。等到了树干旁，它稍微休整了一下便挺直身体。身材异常高大的它——足足有 6 米高，一下子就够到了这棵树上最高的树叶，开饭啦！

你见过树懒吗？它的名字可不是随便起的。树懒通常生活在南美洲的雨林里，而且大部分时间都倒挂在树上。它偶尔会吃上一口树叶，然后继续……呃……回去挂着。我们很少能在地面上看到树懒。毕竟这种行动缓慢的哺乳动物每分钟只能移动 2 米，地面对它来说太危险了，猎人们可能会觉得它是上好的猎物，所以我们还是让它在树上挂着吧。挂在树上的树懒基本不动，也不会发出声音，人们很难发现它的踪迹。

大地懒就不会把自己挂在树上。当这种巨兽还生活在南美洲土地上的时候，它可是能靠着自己强健的双腿站起来的。我们现在能看到的树懒通常不到 1 米高，但是已经灭绝的大地懒，可是能和大象比个头儿的动物。我们可以想象一下这么大块头的动物挂在树枝上的可笑场面——那棵树肯定立刻就被拽倒了，大地懒也会摔得很惨。虽然大地懒不能把自己挂在树上，但是它的敌人也不多，因为只有猛犸象的个头儿比它大。大地懒通常都能很悠闲地穿过南美洲的丛林和草原，它穿行的姿态基本上都是昂首挺胸，靠后腿站立——这对体形这么大的动物来说可是很罕见的。它的尾巴非常有力，可以像第三条腿一样，帮助身体保持平衡。能够站直对大地懒来说绝对是好事：它可以吃到高处、树木顶端的叶子。这对于植食性动物来说可真是方便极了。

研究人员是通过研究大地懒的骨头来确定

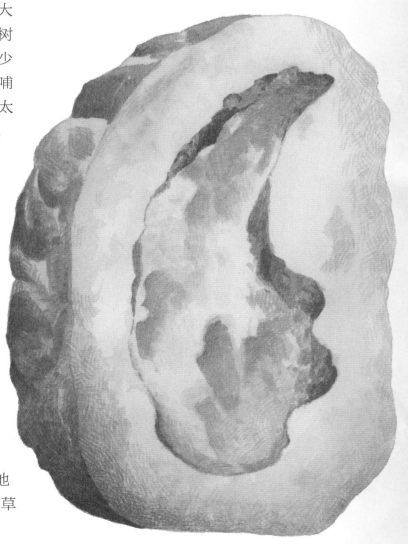

它的名字是怎么来的?

"Mega" 在古希腊语中是"巨大"的意思。"Therium" 表示哺乳动物。大地懒就是一种体形巨大的哺乳动物。

它生活在什么时候?

1900 万年前到差不多 1 万年前。

它为什么会消失?

古生物学家们也花了很长时间来研究这个问题。可以肯定的是,气候变化一定对大地懒的灭绝有影响,但是人类也脱不了干系。研究人员在大地懒的骨头上发现了切割的痕迹。据我们所知,会用刀这种工具的,只有人类。研究人员还在大地懒的足迹化石里发现了人的脚印,并且认为这是人在追踪大地懒的证据。如果大地懒和现在的树懒一样,移动速度都很慢的话,人类能抓住它们也就不奇怪了。

我再多说两句

大地懒类其实还包括其他几种动物,目前确定的有 5 种。大地懒灭绝之后,大地懒属中的其他几种动物可能还在地球上生活了几千年的时间。

它是植食性动物的。它的食谱包括不同的草、龙舌兰、丝兰和其他生长在南美洲的植物。它的舌头非常长，也非常有力，可以很轻松地把树叶从树枝上拔下来。强壮的嘴唇可以帮助它获取这些大地精华。大地懒虽然体形巨大，但绝对不是什么凶猛的巨兽。它看起来也不像那些残忍的食肉动物。和现代树懒一样，它的头看起来软软的，嘴唇也总是像在微笑一样。它的皮毛厚厚的，足以让长毛兔忌妒，眼睛看起来总是很困的样子，耳朵也是小小的。唯一让人觉得有点儿可怕的，大概只有它的爪子了——它的四条腿上都有爪子，如果真的打起架来，它的对手也不会太轻松。不过它的爪子通常是用来走路的，而且走路姿势还很奇特。为了不压到自己的爪子，大地懒通常会用爪子的侧面走路，所以它的脚印看起来就像一个巨大的逗号，就是作者想让读者喘一口气的时候会用的那个符号。对于这种不慌不忙的动物来说，这个脚印还挺符合它的气质。

圆滚滚、毛茸茸，还有口袋

丽纹双门齿兽（*Diprotodon optatum*）

在大洋洲一望无际的草原上，有个圆滚滚的身影在散步。它有着毛茸茸的身体和瘦瘦长长的腿，是这片大陆上体形最大的动物。这会儿，它正不慌不忙地往前走着，路过一片又一片草地和灌木丛。等一下，它居然还带着一个旅伴。在它的肚子下面有个毛茸茸的口袋，里面还有个毛茸茸的小东西正在好奇地观察四周呢。

自 1830 年起，古生物学家们陆续在大洋洲发现了几百块源于这种毛茸茸巨兽的化石，有头骨、骨架、脚印和毛发的痕迹等。你听说过一种叫作袋熊的动物吗？它和这种巨兽是很远的远亲。还有考拉，它们是关系更远的远亲。双门齿兽和袋熊、袋鼠一样，都是有袋动物。也就是说，妈妈都会把自己刚出生的宝宝放在口袋里照顾几个星期，这些小宝宝会在随时能喝到奶的口袋里继续成长一段时间。

那么双门齿兽究竟是不是像它的外表一样温柔可爱呢？我们先来看看它的远亲们。虽然袋熊和考拉都是毛茸茸的，非常可爱，但它们也是会咬人的。双门齿兽看起来像个大毛绒玩具，会让你很想一头扎进它暖暖的厚皮毛里，或是用胳膊搂着它的脖子。不过，后者可有点儿难度，你得有一双非常长的胳膊才行，因为雄性双门齿兽的脑袋能有一米多高。虽然双门齿兽的耳朵和眼睛都小小的，但是鼻子特别大。双门齿兽的鼻子尖到尾巴尖能有 3 米长，肩高超过 2 米，它的腿特别长，所以也不影响它到处闲逛。双门齿兽的爪子倒是不大，而且还有一点儿内八字，就和我们现在还能在大洋洲看到的树熊差不多。

我们能肯定的是，这种巨兽并不是什么食肉的猎手，它的爪子通常是用来吃草的。一只双门齿兽一天能吃掉 100 千克的树叶、草

根和灌木，而且它还是唯一一种
会随季节变化而迁徙的有袋动物。
迁徙就是离开原来的所在地，到其
他地方去生活。双门齿兽这么做很
可能是为了找到更好的食物，古生物
学家们能发现这一点，靠的是它的牙
齿化石。双门齿兽的牙齿是不停生
长的，所以古生物学家们只需要研
究它的牙齿就能发现它的食物发
生了什么样的变化，并推测出
它生活在什么样的地方，就
好像我们可以通过观察树木
的年轮来了解当时的天气
一样。

　　我们通常把生活在最
后一次冰期的体形巨大的动

物叫作巨型生物。双门齿兽曾和最后一次冰河时代的巨型生物一起生活在大洋洲，它肯定遇到过凶猛的袋狮、体形巨大的蛇、攻击性非常强的巨蜥和其他的大家伙。对于成年双门齿兽来说，这些都不算什么，但对于小双门齿兽来说可就麻烦了。古生物学家们找到了一些小双门齿兽的骨架，发现上面有很多牙印，像是被袋狮咬的。要是小双门齿兽能一直待在它妈妈的口袋里就好了……

它的名字是怎么来的？

"Diprotodon" 的意思是两颗突出的牙齿，双门齿兽确实有这样的两颗牙。

它生活在什么时候？

160 万年前到 46000 年前。

它为什么会消失？

气候变化可能是导致双门齿兽灭绝的原因之一。古生物学家们在一些地方找到了一大群双门齿兽的遗骸，他们判断这些双门齿兽可能是死在了干涸的河床上。我们的祖先曾经烧毁了很多森林，这可能导致双门齿兽的生活区域消失殆尽。最合理的解释可能还是捕猎。毕竟在那个时候，一只双门齿兽足够一大群人吃上好几天。而且古生物学家们在一些化石中还找到了人类制作的矛留下的痕迹。让这种体形巨大的毛茸茸的动物最终从地球上消失的，会不会就是这三种原因的组合呢？

我再多说两句

袋鼠可能是最有名的有袋动物了，袋鼠妈妈会把自己的宝宝放在肚子上的口袋里。而袋熊妈妈的口袋是在肚子下面，是朝后开口的，和双门齿兽一样。

一千只仓鼠那么大

莫尼西鼠（*Josephoartigasia monesi*）

1987年，一位来自阿根廷的化石发掘者在邻国乌拉圭的圣何塞盆地里发现了一个巨型头骨。这个大小的头骨可不是每天都能看到的，所以这位化石发掘者非常重视它，他小心地把这个巨型头骨送到了博物馆。只可惜博物馆的人并不认为这是什么惊人的发现，随手把它放进了一个不起眼儿的资料箱里。

仿佛时机还没到，这个头骨就这样被遗忘了20年。后来，一位名叫安德烈·林德克奈赫特的古生物学家打开了这个箱子。这一天总算是到来了。安德烈和他的同事R.厄内斯特·布兰科一起研究这块神秘的化石。他们研究了很久，直到2008年，他们才终于公布了自己的发现。这个头骨的主人可不是什么普普通通的水牛。他们认为这是世界上最大的啮齿类动物的头骨，还给它起了名字，叫作莫尼西鼠。

这只莫尼西鼠光是头的长度就超过了50厘米，比侏儒仓鼠的头部长得多，毕竟一只侏儒仓鼠从头顶到尾巴尖也才8厘米左右。根据这只莫尼西鼠的头部大小，研究者认为它的身长很可能有3米，体重应该能达到1000千克——大概有一头公牛那么大。虽然它是一只鼠，但体重却是普通的仓鼠的1000倍。它的外表看起来更像水豚，也就是我们现在还能看到的最大的啮齿类动物。另外，莫尼西鼠和长尾豚鼠也是亲戚。长尾豚鼠体形要小多了，体重一般约为15千克，生活在南美洲的雨林里。

它的名字是怎么来的？

最初给莫尼西鼠取名的人应该感到羞愧，因为"*Josephoartigasia monesi*"这个名字也太长太难记了吧。它的名字确实也是有来历的：前一半是为了纪念乌拉圭的国父何塞·赫瓦西奥·阿蒂加斯，后一半则是为了纪念20世纪60年代专门研究南美洲啮齿类动物的古生物学家阿瓦罗·莫尼西。好吧，我勉强接受这个理由。

它生活在什么时候？

400万年前到200万年前。

它为什么会消失？

是因为有天敌吗？还是有从北美洲来和它们抢食物的其他体形很大的动物？又或者是气候变化？没有人知道确切的答案。

我再多说两句

莫尼西鼠并不是唯一一种体形巨大的史前啮齿类动物。2000年，有人在委内瑞拉发现了一副800万年前的、完整的巨大骨架。这种动物叫作"*Phoberomys pattersoni*"，体形比莫西尼鼠稍微小一些，但是名字同样难记。

我们来总结一下，莫尼西鼠是一种巨大的啮齿类动物，而且长得很可爱，是让人很想摸头的那种可爱。只不过它和其他啮齿类动物一样，有两颗巨大的门牙。养过仓鼠的人都知道，仓鼠只靠牙齿咬住笼子就能轻松地把自己悬挂在半空中，而且绝对不会牙疼。你想想仓鼠的牙，再想想莫尼西鼠的体形。现在你明白

了吧，不管莫尼西鼠长得多么可爱，它的牙齿都是具有毁灭能力的武器。

不过，除了这个头骨，人们没有找到其他关于莫尼西鼠的化石，所以古生物学家们只能靠着这个头骨来研究关于莫尼西鼠的一切。他们扫描了这个头骨，建立了一个莫尼西鼠头部的三维电脑模型，然后给这个头骨补上了一块

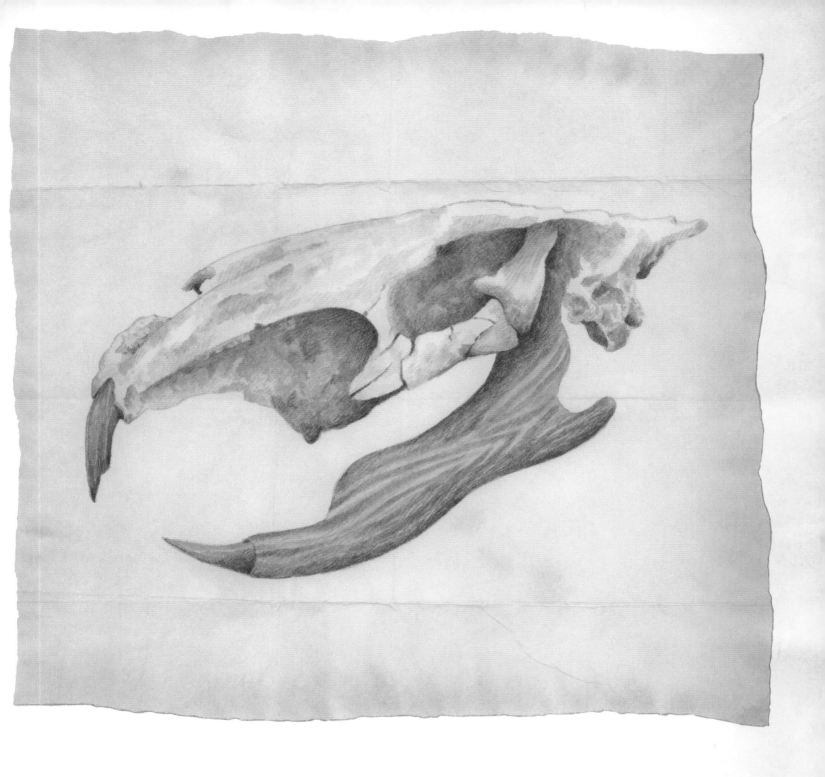

看起来和莫尼西鼠很相配的啮齿类的下颌骨。这个模型完成之后，古生物学家们就可以继续计算了。它的咬合力有多强？它都吃什么东西？只不过，靠这个头骨得出来的结果都只是推测。古生物学家们认为，它应该主要吃水生植物和水果。因为它的牙齿算是比较小的，所以应该没办法把大量的草在嘴里磨碎。不过它的门牙非常大，所以它也许能像老虎一样用牙齿发起攻击。说不定它就是靠着牙齿来和对手争夺雌性莫尼西鼠的呢。没准儿它能凭借这两颗巨大的门牙从想要攻击它的刃齿虎或者巨鸟那里脱身。虽说莫尼西鼠听起来就像是被放大了无数倍的小仓鼠，但是如果身上没有防护装备，我可不建议你们跑去和它拥抱。

三号展厅

满是超级明星的空间

没那么神奇的童话动物

西伯利亚独角兽（*Elasmotherium sibricum*）

　　童话里经常会出现一种身形优雅的白色动物。它的外形看起来像马，但比马的气质更加高贵。它的鬃毛是彩虹色的，身上的皮毛既柔软又有光泽。最重要的是，它的头上还长着一根长长的角，看起来非常神气。这种让人过目不忘的神奇生物就是独角兽，真正的超级巨星。没有人亲眼见过它，因为它只存在于传说中。不过……

　　其实神秘的独角兽曾经在我们的地球上悠闲地生活过。只不过——这可能会让你觉得很失望——它并没有那么神奇，也没有那么光芒夺目。

　　我们要介绍的这种独角兽叫作西伯利亚独角兽，学名板齿犀。这种体形庞大的家伙身高能达到 2 米，身长也能达到 4.5 米，它的体形差不多是现代犀牛的 2 倍。这种独角兽的背上有一个很大的凸起，所以它看起来没有那么华丽优雅。虽然古生物学家们还不是非常确定，但是根据他们的推断，这种独角兽的身上可能大部分都是光秃秃的，只有个别地方长着毛。而且它身体的颜色应该更像是偏暗的土棕色，

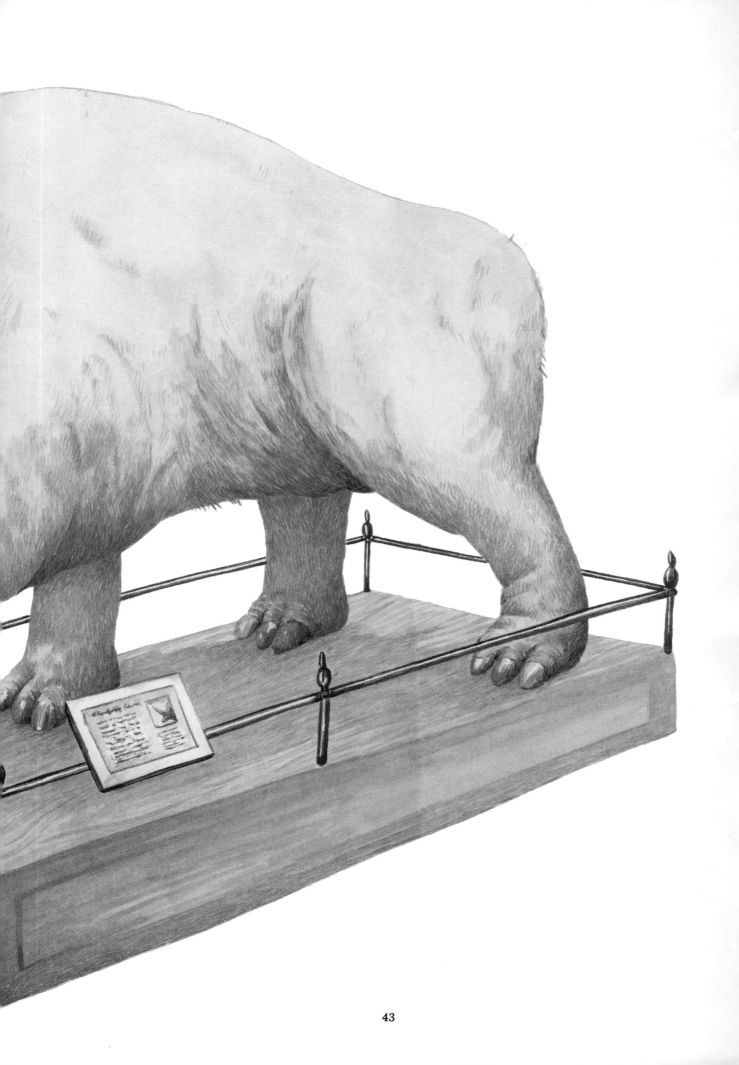

肯定不是那种像雪一样耀眼的白色。更重要的是，它的鬃毛也绝对不是彩虹色的，因为它很可能根本没有鬃毛。

好了，现在我告诉你们一个好消息。它真的有角，而且真的是独角。只不过这只独角非常大——差不多有 2 米长，这也是古生物学家们的推测。他们在西伯利亚独角兽头骨靠上的位置发现了一个骨质的突起，这个突起周围还有一些螺旋状的结构，可能是血管曾经存在的位置。西伯利亚独角兽的角，很可能就长在这个突起上。另外一个好消息是，它也能奔跑。和现代的犀牛相比，西伯利亚独角兽的腿更修长，所以跑起来的速度应该不慢。

西伯利亚独角兽是植食性动物，它生活在草原上，每天都不停地用厚厚的嘴唇拔草吃。它的牙齿不仅非常大，还会不停地生长，好把吞到嘴里的草磨碎。为什么它的牙齿会不停地生长呢？因为它吃草的时候，经常会把沙子也一起吃进嘴里，而沙子会磨坏它的牙。由于块头很大，西伯利亚独角兽在大部分时间里，不是在吃草，就是在咀嚼。它的生活就是这么平平无奇，跟童话故事也没有什么关系。

所以，真实存在过的独角兽并不是神秘生物，和传说中的独角兽不一样，跟电影或者玩具店里卖的独角兽也不一样。不过也不能怪无辜的远古巨兽，一切都是我们自己的想象。虽然西伯利亚独角兽看起来没有那么美丽优雅，但是它毕竟真实存在过。

它的名字是怎么来的？

西伯利亚独角兽是现代犀牛的祖先，而且它生活在西伯利亚。当然，除了西伯利亚，它们也在俄罗斯、乌克兰、摩尔多瓦和哈萨克斯坦生活过。

它生活在什么时候？

它一直活到了 39000 年前，那个时候，我们的祖先也已经生活在地球上了。

它为什么会消失？

我们也不确定。可能是因为它刚好生活在冰期末期，地球的气候变暖了。气候的骤变导致植物死亡，板齿犀的食物来源自然也就少了。和现代犀牛一样，西伯利亚独角兽对食物也是非常挑剔的。

我再多说两句

这种独角兽很可能把它的角当作万能工具。它的角既是对付敌人的武器，也是用来把草地上的雪移走的铲子，还是可以把水和食物挖出来的挖掘机。

说我是呕吐鸟？你们才是坏人呢！

渡渡鸟（*Raphus cucullatus*）

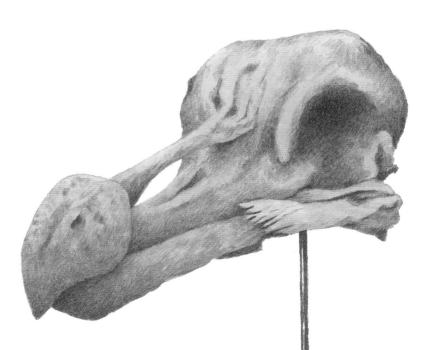

渡渡鸟

毛里求斯的森林里，四下一片祥和。这是一个被印度洋的温暖海水所包围的岛屿，也是渡渡鸟的天堂：这里走走，那里看看，吃点儿东西，散个步，偶尔再生一只小渡渡鸟……只可惜，每个世外桃源都逃不过被人类发现的命运。

成为世界上最有名的鸟类之一——这件事听起来好像还不错，但是如果渡渡鸟能预知结局，它们肯定会选择做一群默默无闻的鸟，至少那样还能存活下来。

渡渡鸟的名声不太好，但这对它们来说不太公平。在动画片里，它们总是倒霉蛋，有点儿胖，动作也很笨拙，总之看上去不太聪明。这根本就不是渡渡鸟真实的样子，它们可是非常有能力的鸟类，毕竟在热带岛屿上生活也不是一件容易的事情：不仅要避免被强热带风暴吹进海里，极端的干旱天气还会夺走被它们当作食物的水果和种子。勇敢的渡渡鸟在艰苦的环境中存活了下来，直到它们遇到了意料之外却又无力回天的情况。最终没有一只渡渡鸟幸存。

渡渡鸟一般能有 1 米高，比火鸡还要高大，体重能达到 23 千克，基本相当于一只小金毛犬。渡渡鸟的头很大，喙，也就是它的嘴，又大又弯，小小的黄色眼睛，头顶的毛看起来稍微有一点儿好笑。它的腿也是黄色的，短腿上长着巨大的爪子，屁股上有一小撮卷卷的羽毛。它的翅膀很小，并没有什么实际的作用。毕竟它生活的地方基本

它的名字是怎么来的?

我们也不是很确定。有人认为是从荷兰语单词"dodaers"来的。"aers"的意思是"屁股","dod"是"点"的意思。所以这个词可能是指渡渡鸟屁股上的那一撮羽毛。还有人说"dodo"来自葡萄牙语单词"duodo",意思是"傻子"。这可不是什么褒义词!

它生活在什么时候?

渡渡鸟是在1681年灭绝的,但是我们不确定渡渡鸟是什么时候出现的。毛里求斯这个岛屿大概"只有"700万岁,所以渡渡鸟应该是在那之后才出现在岛上的,又或者是在那之后从别的地方来的。

它为什么会消失?

很悲伤的是,我们人类是渡渡鸟消失的主要原因。被人类带到岛上的猪、狗、猫和老鼠也"帮了忙"。

我再多说两句

渡渡鸟灭绝的时间要比其他动物晚很多,但是我们并没有找到很多渡渡鸟留下来的痕迹。很多博物馆都收藏了和渡渡鸟有关的藏品,比如英国牛津市的博物馆里有一个渡渡鸟头和一条渡渡鸟腿,位于英国伦敦市的大英博物馆也是一样。丹麦哥本哈根市的一个博物馆里也收藏了一个渡渡鸟头。有些国家的机构里还收藏了渡渡鸟的骨架,比如荷兰莱顿市的自然博物馆和荷兰代尔夫特市的科技大学。

没有天敌,既然不需要飞起来逃跑,那还要翅膀做什么呢?

可是到了1507年,渡渡鸟就希望它拥有一双可以飞翔的翅膀了。它发现自己眼前站着一个从来没有在岛上出现过的奇怪生物:人类。葡萄牙探险者在那时发现了这个岛。1598年,一艘荷兰东印度公司的商船在这个岛屿靠岸了。1601年,有人开始详细记录这种特别的鸟,这个人叫作雅各布·科内利斯·范·奈克(他觉得渡渡鸟的肉不好吃,就给渡渡鸟起了一个很不友善的别名,叫作呕吐鸟)。从这个故事我们可以了解到,渡渡鸟现在有了敌人,还是会把它吃掉的敌人。而且,跟随这些人的船一起来到岛上的,还有老鼠、猪、狗和猫。这些动物都觉得渡渡鸟是一种很有趣的猎物。

想象一下,如果你一直无忧无虑地生活在一个小岛上,没有其他生物来打扰你,也没有其他生物伤害你,你会不会对陌生的生物感到害怕?这些吃起来鲜嫩多汁的大鸟就是因为不知道什么叫作害怕,而且还不会飞,所以才变成了完美的猎物。故事的结局是,渡渡鸟很快就销声匿迹了。1681年,也就是奈克抵达毛里求斯之后的第80个年头,最后一只渡渡鸟也死去了。

保存最完好的小宝贝

猛犸象（*Wolharige mammoet*）

2007 年，寒冷的俄罗斯北部，以驯养驯鹿为生的尤里·库迪正带着他的孩子们散步。突然，他看到远处的积雪里好像有什么东西凸出来了。不会是一只死去的驯鹿吧，尤里想。于是他走过去想看清楚一些。等走近了，他才意识到这是一个大发现。这并不是被冻死的驯鹿，而是一只被保存得非常好的来自远古的小猛犸象，还是一个漂亮的小姑娘。

对于早已灭绝的动物来说，能找到它们的一块骨头或者一个头骨就已经很惊人了。如果能找到一只完整的动物，那简直要算是奇迹了。不过这个时候出现了一个问题：尤里想起了一个古老的俄罗斯民间传说，猛犸象是来自地下世界的动物，触摸这样的动物会给人带来厄运。所以尤里决定还是小心一点儿，他把猛犸象留在原地，转身去找了一个朋友，这个朋友又联系到一个研究人员。几天之后，他们几个人一起回到了当初发现猛犸象的地方，却没找到猛犸象的踪迹。尤里感觉有些不对劲。有人在这附近见到了他的侄子，带走猛犸象的会不会就是他侄子？他们立刻动身寻找，最后成功地在镇上的商店里找到了他们的宝贝。尤里的侄子把这只小猛犸象绑在他的雪地摩托上，带去卖给了镇上开商店的人，价钱是两辆雪地摩托和一年的免费饭票。这个安然度过了好几

个世纪的小奇迹就那样躺在商店的角落里，有人给它拍照，流浪狗们已经把它的耳朵和尾巴咬伤了。尤里他们在警察的帮助下把小猛犸象送到了安全的地方。虽然这时的小猛犸象不复最初发现时的状态，但是也比之前发现的所有猛犸象都要完好。

这只猛犸象被称为柳芭，这也是尤里妻子的名字，在俄语里的意思是"爱"。这个名字也很合适，因为从那之后，它获得了非常多的关爱。人们先把它送到了日本，小心翼翼地给它做了扫描，然后又送到圣彼得堡给它做了一些检查和处理。之后的十几年里它坐着"头等舱"周游了世界，每到一个地方都能收获无数欣赏的目光。

柳芭是世界上最有名的猛犸象，关于它的报道也最多。只可惜它自己永远不会知道了，因为它的心脏在 4 万年前就停止了跳动。它的毛也在过去的几万年里掉光了，但是它的皮肤、内脏、眼睛，甚至是它的睫毛都被完整地保存了下来。研究人员发现，柳芭死去的时候只有一个月大。它的体重是 50 千克，身高 85厘米，身长 130 厘米。它的肚子里还保留着妈妈的奶水和一些没有消化掉的草，以及一只成年猛犸象的大便，应该是它妈妈的。这听起来

可能稍微有点儿恶心，但是对小猛犸象来说，却是能让食物更好被消化的好方法。柳芭是保存最好、最漂亮的猛犸象，但它并不是唯一被完整保存下来的猛犸象。人们在西伯利亚的永冻土层（就是一直处于冰冻状态的土地）、加拿大北部和阿拉斯加也找到了一些冰冻的猛犸象"木乃伊"。因为它们死去的地方非常寒冷，所以它们的身体没有腐化，这也让古生物学家们能够更好地了解它们。猛犸象和我们的祖先曾经共同生活过一段时间。我们的祖先会捕杀猛犸象，然后用它们的骨头和皮毛来搭棚子，他们也把猛犸象画进了壁画，做成了雕像，留下了一些猛犸象的记录。

猛犸象和大象是亲戚，这一点你可能已经猜到了。长毛猛犸象其实是所有猛犸象属里面体形最小的一种，目前发现的最大的猛犸象是 3.7 米高。一般的雌性猛犸象大概 2.5 米高，雄性差不多有 3.5 米高，和现在的非洲象差不多。猛犸象宝宝的体重能达到 90 千克，成年雌性猛犸象大约 4000 千克，雄性则能达到 6000 千克。这种长毛动物一般生活在寒冷的地方，它有适合那种环境的厚厚的皮肤和脂肪层，小小的耳朵可以让它减少热量损失。成年猛犸象的耳朵只有 30 厘米长，和现在的非洲象比起来简直不算什么。要知道，非洲象的体形和猛犸象差不多，但是耳朵能长到 2 米呢。猛犸象当然有一件厚厚的"长毛外套"了，一般是黄棕色、红棕色或者棕黑色的。它的尾巴上也有毛，既可以保暖又能用来赶蚊子。除了尾巴，猛犸象厚实的鼻子也很实用。又

它的名字是怎么来的？

它的名字"*mammoth*"很可能来自古代俄语，意思是"地鼹"，是俄罗斯民间故事中的一种来自地底的巨兽。不过这个名字也有一点儿道理，毕竟柳芭和其他猛犸象都是在地下发现的，谁知道地下还有多少被冻住的猛犸象呢。

它生活在什么时候？

猛犸象大概生活在 30 万年前到 4000 年前。

它为什么会消失？

最后一只猛犸象很可能是在 4000 年前死在了位于北冰洋北部的弗兰格尔岛上。但猛犸象到底是因为人类的捕猎还是气候变得又热又潮湿才灭绝的，还是未解之谜。也可能是两种原因都有，谁也不能确定。

我再多说两句

美国哈佛大学的教授乔治·澈尔池一直在进行一项研究，他想把猛犸象的一部分 DNA 放进亚洲象的细胞里。他希望用这种方式培养一个猛犸大象胚胎，然后让它在大象的肚子里生长。22 个月之后，会不会就能生出一只"猛犸象"来？这种象会不会不像亚洲象那么怕冷，反而像猛犸象一样喜欢寒冷的环境？

如果你想亲眼看看柳芭的样子，就得去它"家"里找它了。它通常在俄罗斯萨列哈尔德市的博物馆里展出。荷兰鹿特丹自然博物馆里也有一些关于猛犸象的收藏。不过说到猛犸象的骨头，荷兰莱顿自然博物馆的收藏才是世界第一的，他们甚至还收藏了猛犸象大便的化石呢。

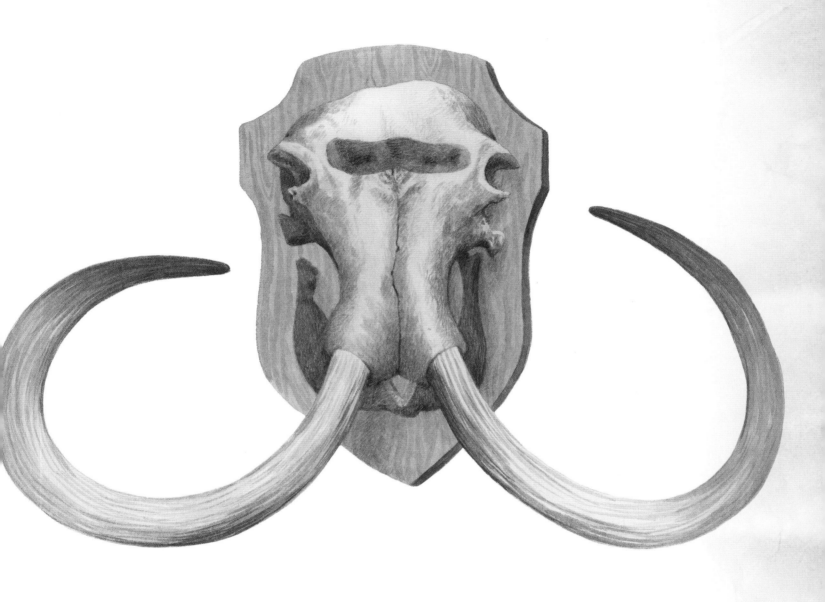

长又弯的象牙可以帮助它打败敌人，或者——这种用法看起来比较和平友善一些——把食物铲起来。

　　猛犸象曾生活在西伯利亚（也就是俄罗斯）到英格兰之间以及北美洲的寒冷干燥的土地上，通常是一群猛犸象一起生活。所以虽然现在看起来不太可能，但是猛犸象曾经在荷兰和英国之间的北海地区生活过，因为在那个时候，这个地区还没有水。现在的荷兰和英国都太暖和了，很难再找到保存完好的小猛犸象化石。不过如果有足够的耐心和一点点运气，也许还能在那里找到一些猛犸象留下来的痕迹呢。

牙齿超大的大猫

刃齿虎（*Smilodon*）

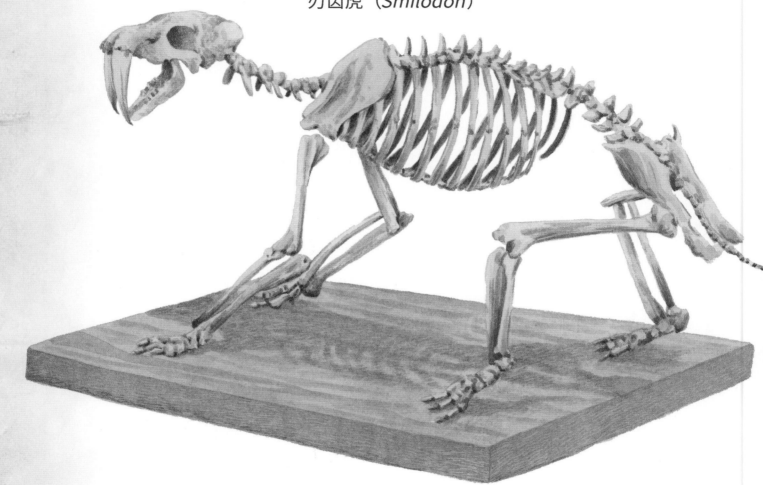

　　湖边，一头长毛象正在泡澡，一只刃齿虎在小心翼翼地朝着长毛象潜行。突然，它纵身跃起，扑向了这头长毛象。然而，这不是一个真正的湖。湖里根本没有水，全都是黏糊糊的东西。这头长毛象也不是在泡澡，而是被困在了这里。不一会儿，这片黑黢黢、黏糊糊的东西就把狩猎者和猎物一起吞噬了。

　　这片黏糊糊的东西叫作沥青坑或者沥青湖，它已经在那里静静躺了几个世纪了，是由地底不断向上翻涌的沥青组成的。位于美国洛杉矶市的拉布亚沥青坑就是最有名的沥青坑之

一。当然了，现在这个沥青坑的四周都装上了高高的围栏。但是在刃齿虎、猛犸象、大地懒和巨狼共同生活的那个时代，围栏和警示牌什么的都还不存在呢，被这种沥青坑杀死的动物有成千上万只。不过对我们来说，这些沥青坑简直就是化石的最佳保存地点。

　　拉布亚沥青坑对于不小心陷进去的动物们来说绝对不是什么好地方，但是对古生物学家来说，这里就是充满了研究资料的宝藏。他们在这里找到了 1000 多块化石，都来自刃齿虎这种著名的食肉动物。尽管都是猫科动物，但

是它们和老虎并没有关系。刃齿虎属（也就是亲缘关系非常近的一类动物）下只有三个物种。纤细刃齿虎（*Smilodon gracilis*）是最古老、体形也最小的一种，体重为 55 千克到 100 千克，生活在 250 万年前到 5 万年前。致命刃齿虎（*Similodon fatalis*）属于中等体形，体重一般在 160 千克到 280 千克之间，生活在 160 万年前到差不多 1 万年前。另一种毁灭刃齿虎（*Smilodon populator*）的体重能达到 400 千克，大概出现于 100 万年前，后来和致命刃齿虎一起灭绝了。

说到刃齿虎，你一定会想到那一对像弯刀一样的尖牙，毕竟那是它的标志。刃齿虎 1 岁半的时候，这对尖牙会开始生长，大概到它 3 岁的时候就长好了。根据刃齿虎体形的不同，这对"匕首牙"一般在 18 到 30 厘米之间。这对尖牙完全没法儿被嘴唇包住，尽管看起来十分拉风，但其实也是个麻烦。想象一下，你正

它的名字是怎么来的？

"Smilodon"的意思是"像匕首一样的牙齿"。

它生活在什么时候？

250 万年前到差不多 10000 年前。

它为什么会消失？

它灭绝的时间和很多巨型动物灭绝的时间非常接近，可能是受到了气候变化的影响，又或者是巨型动物的灭绝让刃齿虎的食物变少了很多。我们的祖先是不是也影响了它们的生存？没有人知道确切的答案。

我再多说两句

刃齿虎身上还有一个既实用又不碍事的利器：它的腮须。它们的长度和刃齿虎身体的宽度是一样的。刃齿虎会把它的腮须当成探测器，要穿过一个狭窄的地方时，它会先把头伸进去。如果它的腮须碰到了两侧，它就会退出来，找别的路走。只可惜，刃齿虎不能靠这种腮须发现眼前的湖是个沥青湖……

准备张嘴咬一大口面包，结果被两颗巨大的尖牙挡住了，是不是很碍事？万幸的是，刃齿虎的头骨可以解决这个问题。一头普通的狮子张嘴最大角度是 90 度，但是如果刃齿虎的嘴只能张这么大，它的牙齿就会碍事了，所以刃齿虎的嘴能张大到 120 度。

古生物学家们在沥青坑里发现了很多刃齿已经折断的刃齿虎头骨，刃齿虎的刃齿根本

不结实。这一对脆弱的牙齿并不能帮助刃齿虎撕咬猎物或者从骨头上面把肉剔下来。有些古生物学家坚持认为刃齿虎的刃齿是有用的，它很可能是用爪子把猎物按在地上，用它长长的牙齿割开猎物脖子上的大动脉或者气管，让猎物因失血过多或无法呼吸死掉，再小心翼翼地吃掉那些比较好下口的部分，把剩下的猎物留给其他的食肉动物。但是也有很多古生物学家并不认同这种看法。首先，我们不确定刃齿虎是不是有能力把猎物扑倒压在地上；其次，它就一定是靠撕开猎物脖子上的血管来杀死猎物的吗？

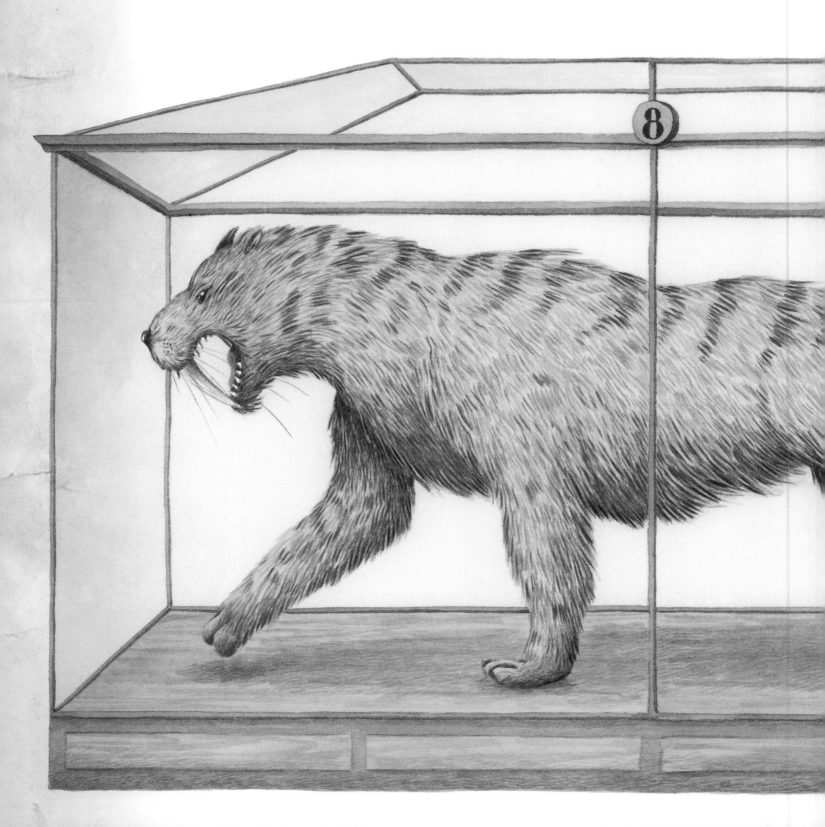

还有一个问题也让古生物学家们争论不休。在过去的很长一段时间里，古生物学家们都认为刃齿虎的捕猎对象是在草原上生活的那些体形很大的动物，比如大象、猛犸象或者类似骆驼的动物。但是，近些年有人提出了另外一种理论：刃齿虎也可能生活在森林里。它们先埋伏在树上（小型的刃齿虎）或者树后（适

合体重比较大的刃齿虎），然后等猎物走过的时候，就扑上去完成捕猎。

另外，刃齿虎是不是也和现代的狮子一样，是群居动物？我们也没有答案。这种可能性是存在的，因为古生物学家们在很多刃齿虎身上发现了已经愈合的重伤痕迹。其中一些伤口应该非常严重，那些刃齿虎肯定有很长一段时间不能捕猎，只能安静地养伤。那么，它肯定需要别的刃齿虎帮它找食物。不过还有些古生物学家对这个观点毫不认同。在他们看来，刃齿虎的大脑实在太小了，根本就不可能聪明到能和同类一起生活。

对我们来说，刃齿虎仍然是一种非常神秘的野兽，不过有一些事情是可以确定的。首先，刃齿虎是体形最大的剑齿猫科动物，它曾经生活在美洲大陆。欧洲也曾经拥有过剑齿猫科动物，叫作似剑齿虎（*Homotherium*）。荷兰鹿特丹市的自然博物馆里就收藏着一块在北海海域发现的似剑齿虎下颌骨。为这本书写前言的古生物学家耶勒·勒尔莫之前也是博物馆的馆长，他对这块下颌骨做了很细致的研究。他发现，这块骨头属于一只生活在 28000 年前的似剑齿虎。

刃齿虎

嗜血的霸王

霸王龙（*Tyrannosaurus rex*）

霸王龙并不是陆地上体形最大的食肉动物。它的胳膊很短，短到有点儿好笑，它还有很厉害的口臭。其他的恐龙可能会不服气，为什么霸王龙永远是最受人追捧的恐龙？为什么只有它这么受欢迎？

我承认，这很不公平，但这其实只是运气的问题。霸王龙的运气实在是不错，因为人们发现它的时候，它被认定为陆地上体形最大的食肉动物。虽然当时体形比它更大的棘龙（*Spinosaurus*）已经被发现了，但是人们还不知道棘龙是另外一个物种。到了1993年，人们发现了在体形上拥有绝对优势的南方巨兽龙（*Giganotosaurus*），霸王龙彻底从陆地最大食肉动物的宝座上退位了。不过这时的霸王龙早就成了万众瞩目的明星，备受关注，长盛不衰。可话又说回来了，运气这种东西也说不准。毕竟不管霸王龙多有名，它都和其他恐龙一样，早就灭绝了。

1874年，一名叫作亚瑟·雷克斯的教师在美国科罗拉多州发现了一颗牙齿。他当时并不知道这颗牙齿属于什么动物，于是这颗牙被收了起来，故事也没了下文。在这之后的一段时间里，人们在美国的很多地方都发现了骨头和化石，但是也没人知道它们究竟属于什么动物。直到1905年，美国自然博物馆的馆长发表了一篇文章，详细地描述了一个惊人的发现。美国的各大报纸也开始争相报道：古生物学家巴纳姆·布朗在蒙大拿州的山里找到了一只世界级的恐龙！这位古生物学家很小心地把

它的名字是怎么来的？

"*Tyrannosaurus*"的意思是"残暴的蜥蜴"，而"*rex*"是古希腊语"王"的意思，所以霸王龙也就是残暴的蜥蜴王。

它生活在什么时候？

7000万年前到6600万年前。

它为什么会消失？

和其他恐龙一样，很可能是因为那颗巨大的陨石撞上了地球。

我再多说两句

1980年，一名叫作杰夫·贝克的美国学生在钓鱼的时候，钓到了一具霸王龙的骨架。因为这具骨架一直沉在水里，已经变成了黑色，甚至还有点儿反光，所以人们也把它称为"黑美人"。从那之后，给每一具霸王龙骨架起名字也成了一个传统。荷兰莱顿自然博物馆收藏的那具叫作特里克斯。它还有其他的朋友，分布在世界各地，它们的名字是：斯坦、苏、山姆森、斯科蒂、达菲、叮当、奥力、巴齐、奥拓、托马斯、瑟莱斯特、佩蒂和特里斯坦……

骨头从沙石中挖出来，包裹在石膏里，用马车运出了山。这就是人们发现的第一只霸王龙。1908 年，布朗又找到了一只，这次发现的霸王龙有一半的骨架是完整的。人们根据第二只霸王龙的骨架推测出了霸王龙生前的样子，不过这并不是说当时的推测就是完全正确的。当时有很多人觉得，布朗发现的那些手臂骨头绝不可能是霸王龙的，那也太短了，看起来有些搞笑。

1912 年，第一具复原的霸王龙骨架在博物馆展出了，立刻就成了明星。但当时也有一个小问题：虽然我们知道霸王龙能够基本做到直立，但是博物馆里的这具霸王龙骨架也站得太直了。这是因为这具骨架的重量都压在撑着骨头的金属固定环上，如果不把霸王龙放

直，金属架可
能会被压塌。赶来
给霸王龙画像的人就
把这种错误的姿势画了下
来，之后就像传话游戏一样，越
传越错了。毕竟在这种游戏里，每多传
一个人，就多错一些，传到最后一个人那里的
时候，最终的句子基本就和最初的那句没什么
关系了。霸王龙也是这样，很多图画和电影里
的霸王龙都站得笔直，看起来一点都不霸气。

之后的几十年里，也没传出什么关于霸王龙的大新闻。等到了 20 世纪 70 年代，故事又出现了新转折：大家做梦都想找到或者拥有一块霸王龙的化石。因为它的化石越来越值钱，一具骨架可以卖几百万欧元。要是能找到一具骨架，那可就发财了。于是很多人开始努力去找，结果还不错，找到了 50 多具霸王龙的骨架。不过准确来说，是找到了 50 多具骨架中的一部分。对于古生物学家来说，这可是个好消息，因为研究霸王龙生前习性和外貌的资料变多了。

霸王龙确实不是体形最大的，但是成年霸王龙 13 米的身长也不是谁都能随便欺负的。南方巨兽龙的体重大概是 8000 千克，体重6000 千克的霸王龙也还不错。

这种大家伙从爬出蛋壳的那一刻起就开始不停地生长，其中 14 岁到 18 岁之间是它们生长最快的阶段。霸王龙很可能是有鳞片的。有些古生物学家还认为霸王龙宝宝应该有绒毛或者羽毛。这种恐龙的寿命不是很长，我们能从

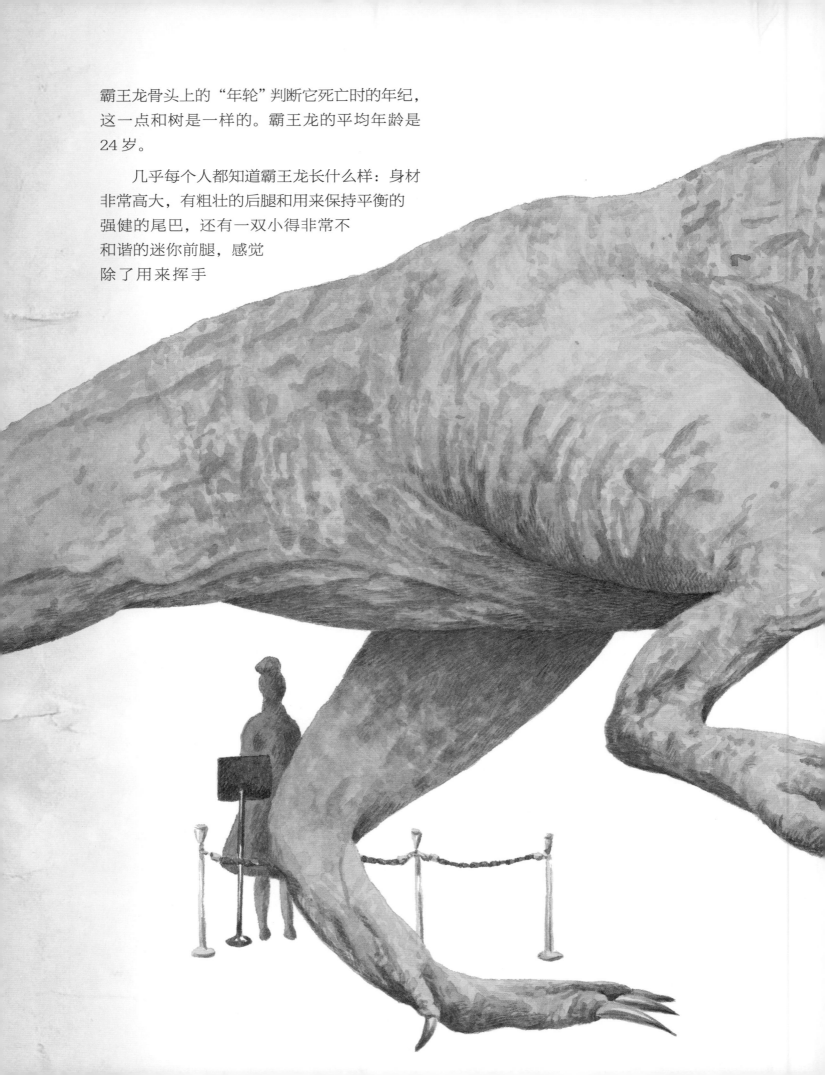

霸王龙骨头上的"年轮"判断它死亡时的年纪，
这一点和树是一样的。霸王龙的平均年龄是
24 岁。

几乎每个人都知道霸王龙长什么样：身材
非常高大，有粗壮的后腿和用来保持平衡的
强健的尾巴，还有一双小得非常不
和谐的迷你前腿，感觉
除了用来挥手

和挠痒痒之外实在没有什么别的用处了。霸王龙的头绝对是它的秘密武器，它的头不仅很大，还"配备"了强壮的下颌、有力的肌肉和最长能达到30厘米的牙齿。打起架来，霸王龙可以直接用嘴咬，基本上没有别的动物能在这一项上赢过它，那些比它体形还大的植食性动物在它看来就是普通的早餐。对于霸王龙来说，只要结实地咬上猎物一口，大概就能结束战斗。它的两只眼睛距离很近，都是朝前长的，能同时看到靠近的物体，并迅速判断出猎物和它之间的距离。关于它是怎么抓住猎物的，人们还存在分歧。有人觉得它跑得很快，但也有人不同意。还有人觉得它是躲起来突袭猎物的，但也有人不认同，毕竟霸王龙有13米长，实在很难藏起来。

万幸的是，霸王龙确实不太需要躲着其他动物。在北美洲的亚热带森林中，其他动物都伤不了它。只不过它的同类可能是个威胁，因为人们在一些霸王龙的骨架上找到了牙齿留下的痕迹。但霸王龙最大的敌人并不是它那些体形同样庞大的同类，而是一些非常小但很厉害的东西：细菌。古生物学家们在好几个霸王龙头骨上都发现了下颌感染的痕迹，如果它们牙齿中间总是存在一些腐烂的生肉的话，发生感染是很正常的事情。

四号展厅

长着翅膀的巨兽们

没有羽毛还会飞的爬行动物

诺氏风神翼龙（*Quetzalcoatlus northropi*）

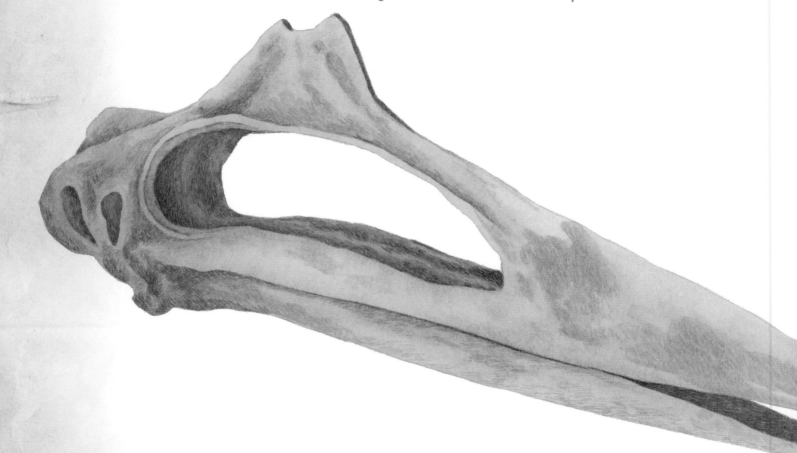

如果白垩纪的地球上曾经有过长颈鹿，那么它们肯定会惊讶地抬起头。这种拥有超长脖子的动物早就已经习惯了低头去看其他动物，但是在白垩纪的北美洲，和它们视线平齐的地方，站着一只巨型爬行动物。更神奇的是，这只巨兽还有翅膀。

这只巨兽的翅膀完全展开的话，能达到 10 米宽，从爪子到头顶有 6 米高，光是一个头就比普通的成年人高，所以诺氏风神翼龙能被称为"迄今为止体形最大的会飞的动物"也就不奇怪了。我们再说具体一点，它有多大呢？你先想象一头长颈鹿的体形，然后把诺氏风神翼

龙的形象换上去，再给它加一双肌肉健硕的翅膀，翅膀的宽度和 10 头长颈鹿紧挨着站成一排差不多吧。

诺氏风神翼龙的体形这么大，它能飞起来吗？这也是让古生物学家们头疼了很多年的问题。不过这个问题的答案很可能是"可以"，因为诺氏风神翼龙的体重并不重，差不多 200 到 250 千克。它体形不小，肌肉非常结实，如果使劲跳起来，然后张开翅膀冲向天空的话，应该是能飞起来的。它的翅膀并不像鸟类一样有羽毛，而是更像蝙蝠的翅膀：是一层类似于皮肤的膜，上面长着纤维和肌

肉。它的翅膀和身体以及第四根指头都是相连的。

诺氏风神翼龙是所有翼龙中体形最大的。翼龙是一类会飞的爬行动物的统称，有些翼龙的飞行能力非常强，可以俯冲到水面上抓住猎物，有些则更习惯在地面上活动。古生物学家们认为，诺氏风神翼龙很可能属于擅长地面活动的那一类。他们认为，诺氏风神翼龙虽然会飞，但很可能大部分时间都会把翅膀收起来，靠双腿行动。它是肉食性动物，可以靠自己没有牙齿的喙抓住面前出现的食物，不管是尸体还是活着的猎物，包括还没长大的小恐龙。

1971 年，人们在现在属于美国得克萨斯州的土地上发现了这种爬行巨兽的一部分，在世界的其他地方也发现了很多其他种类的翼龙化石。古生物学家们还在中国和阿根廷发现了翼龙的蛋，它们和鳄鱼蛋还有乌龟蛋一样，都很薄、很软，和皮革有点像。也许诺氏风神翼龙的蛋也是这样的。不过，为了防止被晒干，诺氏风神翼龙可能会把蛋埋在地底下。我们还不知道负责照顾诺氏风神翼龙宝宝的究竟是爸爸还是妈妈，甚至还有一种可能是诺氏风神翼龙宝宝根本就不需要看护。因为古生物学家们发现，翼龙蛋里的胚胎已经基本发育完全了，所以破壳而出的翼龙宝宝也许可以直接站立、行走，甚至可能还会飞。

偶尔，人们也会发现一些体形非常大的翼龙化石，甚至可能比诺氏风神翼龙的体形还大。不过只要还没确定，诺氏风神翼龙就仍是有史以来体形最大的会飞的爬行动物。

它的名字是怎么来的？

"Quetzalcoatlus"这个名字来自阿兹特克人崇拜的、身上长着羽毛的蛇神。阿兹特克人是墨西哥一个古老的民族。"quetzalli"在纳瓦特尔语中是"长长的羽毛"的意思，而纳瓦特尔语是墨西哥土著居民使用的语言。"coatl"是"蛇"的意思。"Northrop"是一家飞机制造厂的名字，他们为化石研究提供了经费，让我们有机会了解这种体形和小型飞机一样大的动物。

它生活在什么时候？

6600 万年前。

它为什么会消失？

它灭绝的原因很可能和恐龙一样，估计都是那颗毁灭性的陨石造成的。

我再多说两句

并不是所有翼龙都这么大，人们发现的最小的翼龙和现在的画眉鸟差不多大。

灵活的巨型昆虫

巨脉蜻蜓（*Meganeuropsis*）

温暖而潮湿的热带雨林中飞过一个巨大的影子。那是一只鸟还是一架无人机？应该都不是，因为在3亿年前的雨林中，那些都不存在。这个影子看起来非常像蜻蜓，但是体形却跟食肉鸟类差不多大。

现代的大蚊可以长得非常大，我们偶尔也能看到手掌那么大的蝴蝶，或是翅膀张开之后能有15厘米宽的蜻蜓。但是这些家伙和很久以前生活在热带海岸边的这种巨型昆虫比起来就差远了：巨脉蜻蜓是真的非常、非常、非常大。

1940年，一名叫弗兰克·卡朋特的教授发现了一些非常特别的东西。在现在属于美国俄克拉何马州的大草原上，卡朋特教授找到了一只几乎可以算是完整的翅膀化石。仅一只翅膀，就有30厘米长。后来的研究证明这只翅膀属于巨脉蜻蜓，一种于几亿年前生活在美洲的昆虫。在俄克拉何马州成为一片大草原之前，这里曾经是一片热带湿地。

我们可以从卡朋特教授找到的这只翅膀推断出，这种昆虫翅膀展开后从左边翅膀的一头到右边翅膀的另一头能有70厘米宽，跟一只

雀鹰的体形差不多——看名字你就知道了，这是一种喜欢吃麻雀的食肉鸟类。虽然体形很大，但是这种昆虫看起来更像是一只蜻蜓，和鸟类毫无关系。

巨脉蜻蜓特别擅长飞行和滑翔。它可以灵活地完成空中冲刺并捕获猎物，也可以很轻松地抓住在空中飞行的昆虫，就像狗跳起来咬住主人丢给它的球一样。生活在那个时代的两栖动物和爬行动物都是巨脉蜻蜓的理想猎物。巨脉蜻蜓的幼虫一般生活在水边，好有机会练习

怎么抓水里的鱼和昆虫。

你先不要害怕，一只像棒球球棒那么大的、长得像蜻蜓的巨型飞虫出现在你的卧室里，是绝对不可能发生的事情。为什么好几亿年前的蜻蜓能长到那么大呢？这是因为昆虫是没有肺的，它们靠气管呼吸，生长时需要大量氧气。在几亿年前的地球上，空气中的氧气含量要比现在多，所以巨脉蜻蜓才能长到那么大。

巨脉蜻蜓大概生活在古生代末期，是 2 亿 5200 万年前灭绝的。地球上的大多数动物都在那个时间灭绝了，等到地球在好几百万年之后再次出现新生命的时候，昆虫就再也长不到那么大了。这不仅仅是因为空气中的氧气含量变少了，还因为鸟类出现了。在巨脉蜻蜓生活的时代是没有鸟类的，而鸟类，是喜欢吃昆虫的。

它的名字是怎么来的？

"*Mega*" 是大的意思，"*Neuroptera*" 是昆虫的一个目，叫作"脉翅目"。巨脉蜻蜓长得和脉翅目的昆虫非常像。

它生活在什么时候？

约 3 亿年前到 2 亿 5000 万年前。

它为什么会消失？

造成古生代末期那次大灭绝的原因，究竟是火山喷发还是彗星撞地球这个问题，古生物学家们还没有得出一致的结论。

我再多说两句

巨脉蜻蜓有两种，一种是"*Meganeuropsis americana*"，另一种叫作"*Meganeuropsis permiana*"。当时在美国俄克拉何马州发现的翅膀属于"*Meganeuropsis americana*"，而"*Meganeuropsis permiana*" 可能体形比它还要大，这种巨脉蜻蜓的化石是在美国堪萨斯州被发现的。

巨型割草机

泰坦巨鸟（*Vorombe titan*）

非洲东部的马达加斯加岛上生活着很多奇异的动物。那里与世隔绝，岛上的动物很难离开，其他地方的动物也很难抵达，所以岛上的动物和其他地方的动物不太一样也不是一件奇怪的事情。几百万年前，那里的动物可比现在还要离奇。在那时，马达加斯加岛上有很多种象鸟，其中哪一种才是体形最大的呢？

"成功了！"一位叫作杰姆斯·汉斯福德的研究人员在 2018 年肯定这么大喊过。毕竟他一直在研究从马达加斯加岛上发现的各种象鸟骨骼，已经花了好多年了。

他不是一直待在马达加斯加，伦敦、巴黎、维也纳、纽约、华盛顿的博物馆他都去过。不管他到哪里，身上总带着一盒卷尺。"哦，这块大腿骨有 80 厘米长。这不算什么，我之前见过一块 90 厘米长的。"就在这时，他突然看到了一块巨大的骨头，它是巴黎自然博物馆的一件藏品。等等，这也太夸张了，它居然有 140 厘米长？杰姆斯几乎不敢相信自己的眼睛。这怎么可能呢？于是他又认真地量了一遍，又再确认了一遍。好吧，还真是 140 厘米长。他成功了！

杰姆斯就这样找到了地球上曾经存在过的这种巨大鸟类的大腿骨。这是一根从臀部到膝盖的骨头，和一个 10 岁小女孩儿的身高差不多。他仔细观察后发现，这根骨头和他以前见过的象鸟骨头不一样。根据这根骨头，杰姆斯推断出这只象鸟还活着的时候，身高至少有 3 米，应该是体形最大的一种鸟。他给这种鸟起名为泰坦巨鸟。

泰坦巨鸟的蛋一般有 30 厘米高，蛋壳有 0.5 厘米厚，这是人类迄今为止发现的个头儿最大的蛋。蛋已经这么大了，那么从蛋里面孵出来的幼崽得有多大？为了回答这个问题，杰姆斯想出了一个绝妙的解决办法。一只刚出生的小鸵鸟大概是 25 厘米高，如果根据鸵鸟蛋和泰坦巨鸟蛋的大小比例去估算小泰坦巨鸟的身高，那么小泰坦巨鸟的身高应该有 50 厘米左右。这可是刚刚孵化的幼鸟呀。

杰姆斯发现，这种鸟不太挑食。它们生活在马达加斯加岛上的不同地方，在哪个地方，就吃哪里的植物。它们有些生活在南部比较干燥的森林地区，有些生活在西部的阔叶林里，还有一些生活在温度稍低的高地。这种鸟在马达加斯加岛上没有太多天敌，不过小泰坦巨鸟可能会被岛上的鳄鱼或者非洲冠雕抓走吃掉。就算碰到敌人，它们也不会试图飞走。相比这种鸟的体形，它的翅膀实在太小了，大概只有 20 厘米长，也就比你的中指长一点儿吧。你可以试试，肯定飞不起来……

最后一只泰坦巨鸟很可能是在 1000 年前消失的，离我们并不是那么久远。泰坦巨鸟的

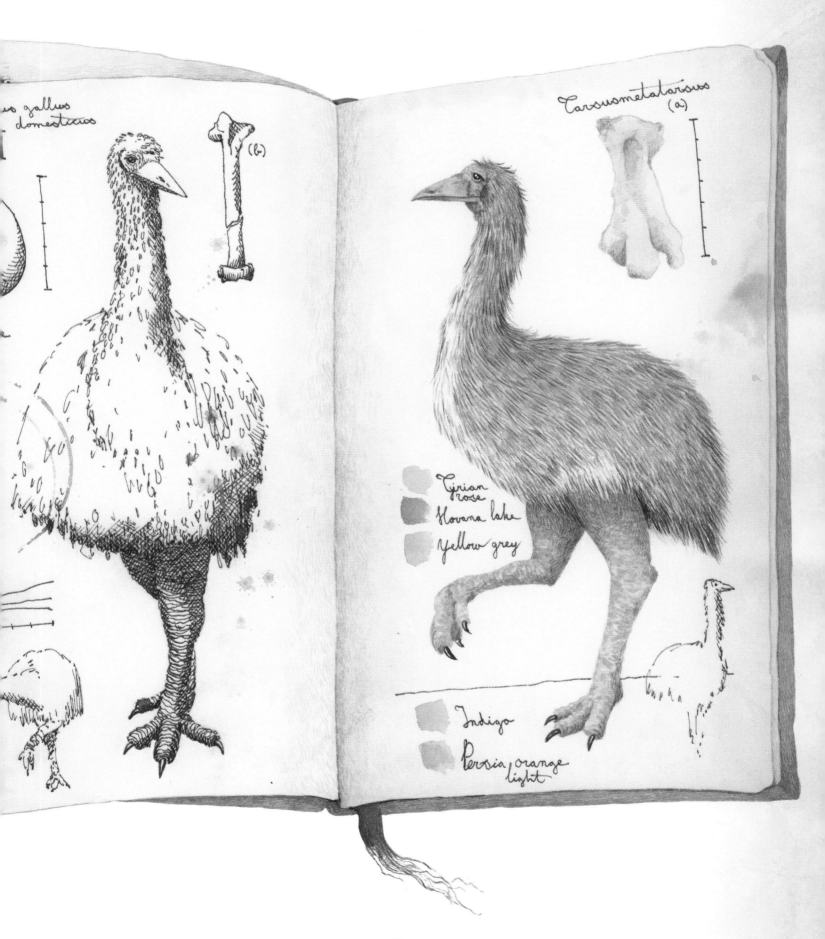

us gallus
domesticus

(b)

Tarsuometatarsus
(a)

Tyrian
rose
Havana lake
Yellow grey

Indigo

Persia orange
light

69

灭绝是一件很可惜的事情，因为它们不仅体形巨大，也是非常优秀的园丁。它们消失之后，很多植物都开始疯长。而且体形这么大的鸟，它们的粪便量也很多，对于马达加斯加岛来说，这是非常好的肥料。岛上不同位置的植物种子可以通过泰坦巨鸟的粪便被带到其他地方扎根生长。如果这种巨型鸟还生活在岛上，那么马达加斯加岛现在可能会有另外一番样貌。

它生活在什么时候？

大概是 600 万年前到 1000 年前。

它为什么会消失？

气候变化可能是导致泰坦巨鸟消失的原因之一，不过人类很可能也参与了这个过程。人类把自然改造成了农田，它们生活的区域变小了。而且在一些泰坦巨鸟的骨头上，人们还发现了被砍过的痕迹，以此推测我们的祖先可能用斧头对付过这种鸟类。

我再多说两句

我们经常会在不经意之间发现一些神奇的事物。全世界范围内有 40 家博物馆收藏了泰坦巨鸟的蛋。美国的布法罗科技博物馆一直认为他们收藏的是一颗假的泰坦巨鸟蛋，所以他们用 X 射线检查了那颗蛋，结果出乎所有人的意料。那颗蛋不仅是真的，里面还有一只没出生的小泰坦巨鸟。荷兰鹿特丹自然博物馆里也有那么一颗泰坦巨鸟蛋。

战斗力超强的猛禽

恐鹤（*Phorusrhacos*）

南美洲巴塔哥尼亚的平原上，一场小小的骚乱正在上演。一只小型猫科动物瘫倒在地上，眼看就要没命了。作为猫科动物的它一定没想到，自己的结局是被长长的鸟嘴刺穿之后，再被巨大的鸟爪子狠狠地踩上几脚。

1887 年，一位名叫卡洛斯·阿曼荷诺的古生物学家兼探险家在阿根廷找到了一块下颌骨，卡洛斯把它和其他化石一起带回了家，并找他的哥哥弗洛伦蒂诺帮忙鉴定，弗洛伦蒂诺也是一位古生物学家。在研究之后，弗洛伦蒂诺发现这块下颌骨看起来和鸟类的下颌骨一点儿都不像，应该属于一种体形巨大的哺乳动物。两年之后，一位名叫弗朗西斯科·莫雷诺的探险家又找到了一些属于同一种动物的化石。弗朗西斯科认为，这应该还是一种鸟类，只不过体形非常大而已。

那么，这种动物到底

是鸟类还是哺乳动物呢？它的发现者应该是卡洛斯还是弗朗西斯科呢？这引发了一场学术界的热烈讨论。不过卡洛斯还是意识到了自己的错误。他可能不是很愿意承认，但弗朗西斯科是对的，这的确是一种鸟类。卡洛斯的哥哥弗洛伦蒂诺要更固执一些，一直等到完整的头骨被发现之后，才认可了这种结论。现在，所有人都同意了，这确实是一种鸟类，人们给它取名叫恐鹤。

这种身材高大的骇人大鸟，是地球上曾经存活的体形最大的食肉鸟之一。它应该是在最后一批恐龙灭绝的那段时间出现的。在很长一段时间里，它都是统治南美洲的食肉动物。恐鹤的身高能达到 3 米，体重能达到 90 到 130 千克。虽然它飞不起来，但是却拥有其他厉害的技能。它跑得很快，能在南美洲草原上健步如飞。它的喙也非常坚硬，形状像钩子一样。它的头骨很坚韧，让它能够完成幅度非常大的抬头和低头的动作。它擅长用自己的喙刺穿猎物的身体，比如草原上的猫科动物和爬行动物。一般来说，它会先用自己的喙把猎物击倒，在猎物的身上刺出一个洞，再多甩几次头，在猎物身上多开几个洞。但

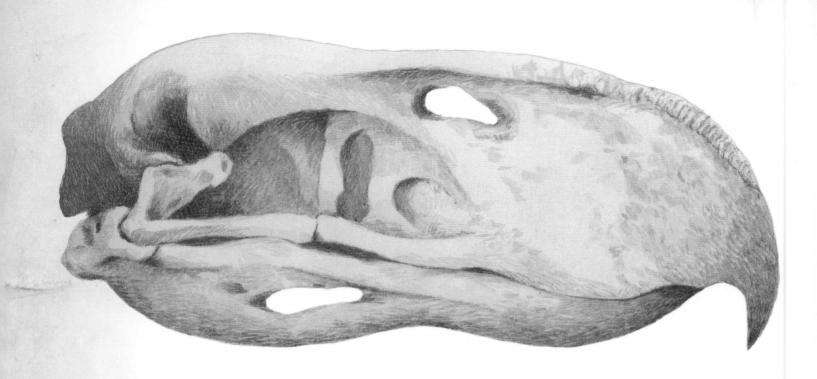

这些似乎还不太够，它的秘密武器就要出场了：它有着巨大的爪子。再被那种强壮的爪子踩上几脚，猎物肯定马上就死掉了。

在鼎盛时期，恐鹤就是南美洲的王。只可惜，300多万年前发生在那里的事情，是它靠坚韧的鸟喙和有力的爪子都无法解决的。在那个时候，已经被海洋分开了很长时间的北美洲和南美洲由于地壳运动又被大陆桥连接在了一起。于是，北美洲的动物开始进入南美洲，南美洲的动物也可以跑到北美洲去。很快，恐鹤就遇到了其他的大型肉食性动物。从此以后，它在捕猎的时候就要同刃齿虎、熊和狼一起竞争了。也许，恐鹤就是竞争失败的那一方。

它的名字是怎么来的？

恐鹤的名字其实很形象，它确实是一种非常可怕的大鸟。至于它的学名"Phorusrhacos"是怎么来的，我们就不知道确切的答案了。毕竟弗洛伦蒂诺·阿曼荷诺已经去世很久了。

它生活在什么时候？

6000万年前到200万年前。

它为什么会消失？

气候变化可能是原因之一。不过，应该还有其他原因。其他从北美洲来到恐鹤地盘的食肉动物，应该也加速了恐鹤的灭绝。

我再多说两句

曾经在地球上存活的骇鸟类大约有18种。它们不仅分布在南美洲和北美洲，还曾经生活在非洲和欧洲。恐鹤是最早被发现的一种。不同种类的骇鸟身高、体重和狩猎方式都不一样，不过它们都有一个共同的特点，它们都不是什么小可爱。

五号展厅

水生动物的奇妙世界

长相很魔幻的海洋生物

怪诞虫（*Hallucigenia sparsa*）

这是一条小龙还是一只会游泳的蜈蚣？我出现幻觉了吗？还是说我在做梦？有些动物的长相实在是太神奇了，让人不敢相信它们真的存在过。怪诞虫就是这样一种"人如其名"的动物。但它是真实存在过的。

光是确认它存在过这件事情，就已经很神奇了。它生活在5亿年前的地球上。那个时候，陆地上还没有恐龙，海洋里也没有巨型鲨鱼，更别提人类了。怪诞虫个头儿非常小：跟你手指的第一个骨节差不多长，比一根牙签还要单薄。尽管如此，我们仍可以确定它存在过，还知道它的样子。

100多年前，一位叫作查尔斯·杜立德·沃

尔考特的古生物学家发现了这种神奇的迷你水生动物。"哇，这肯定是一种神奇的蠕虫。"他当时肯定是这么想的。不过他怎么也弄不明白，这块看起来奇怪的化石到底是什么样的构造。这块化石上有很多凸出的刺，到底哪一边是这种虫子的后背，哪一边是肚子呢？哪一边是头，哪一边是尾巴呢？话说回来，它到底有没有头？谁都没有答案。

直到20世纪70年代，古生物学家们还在皱着眉头努力研究这种奇怪的小生物。一位名叫西蒙·孔维·莫里斯的研究员花了很长时间还是摸不着头脑。这些凸出来的刺是它的脚吗？那些质地比较软的触手会不会是它背上的

装饰？肯定是这样！而且他可以确定查尔斯当年肯定看错了一件事。西蒙认为，怪诞虫身上确实有很多谜团，但它绝对不是一种蠕虫。

到了 1991 年，人们才发现，西蒙其实也错了。研究人员发现，这种奇怪的小东西身上的 7 对突刺是长在背部的，也许是为了震慑敌人吧。另外 7 对看起来像是触角的东西不是什么背部的装饰，而是它真正的腿。这种软软的腿确实没有什么力量，但也有它的用处。这些柔软但灵活的腿上还长着爪子，可以让怪诞虫紧紧地把自己固定在柔软的海绵上进食。怪诞虫长长的脖子下面还长着 3 对真正的触手，这些触手上没有爪子，应该是用来抓取食物的。西蒙虽然进行了非常努力的研究，但还是判断错了，突刺在上、软腿在下才是正确的答案。

2015 年，英国剑桥大学的研究人员再次取得了重大突破。人们在加拿大的伯基斯页岩——一个非常有名的、化石储藏量丰富的地方——找到了第一块有头的怪诞虫化石。古生物学家马丁·史密斯用显微镜观察后，发现怪诞虫的头很小，形状很像勺子，而且长着两只小小的眼睛。在马丁看来，这只小家伙好像在朝他微笑呢，就像在说："喂，你肯定没想到吧！"

找到了头，我们也就知道了到底哪一边才是它的尾巴。

除此之外，我们可能不会再找到很多关于怪诞虫的信息了。5 亿年的时间确实太长了。不过以后也不会再有人把它的头认成尾巴了。

它的名字是怎么来的？

刚发现这种虫子的时候，它身上又有触手又有突刺，看起来像幻想出来的一样，就被称作怪诞虫了。

它生活在什么时候？

5 亿年前。

它为什么会消失？

温度变化？氧气含量减少？我们也不知道具体是为什么。我们可以确定的是，它生活在寒武纪的地球上。之后，它就再也没出现过了。

我再多说两句

怪诞虫牙齿的位置也很奇怪。它的牙齿不仅长在它那张微微笑着的小嘴里面，还长在喉咙里，一直到肚子里都有。其实这挺合理的。你想想，这样所有食物就会经过充分的咀嚼，被一路护送到它们该去的地方，绝对不可能走错路。

被抢走的海洋捕猎者

霍夫曼沧龙（*Mosasaurus hoffmanni*）

2012 年，荷兰马斯特里赫特市一位名叫卡洛·布劳尔的机械师正在马斯河的河岸上操纵一台挖掘机，他负责在矿坑里挖出可以制作水泥的石灰。挖掘机的手臂在他的指挥下，一直不停地把同样的材料从一个地方运到另外一个地方。突然，卡洛发现了一个奇怪的棕色物体，他马上把挖掘机关掉了。

卡洛关掉挖掘机的选择是正确的，这可是一个大发现。虽然他已经在这个地方挖了好几个月，但这次挖出的东西可不一般：他刚好用挖斗把一个非常古老的头骨分成了两半。人们后来发现，这个头骨属于曾经在地球上生活过的、体形最大的怪兽之一——霍夫曼沧龙，一种在几千万年前生活在浅海的食肉爬行动物。在发现头骨的地方，人们还找到了一些属于这种巨型捕猎者的肚子和尾巴的化石。

虽然卡洛的发现很惊人，但他并不是第一个发现霍夫曼沧龙的人。1766 年，人们就已经找到了第一块属于霍夫曼沧龙的化石，那块化石的发现地也在马斯特里赫特市附近。7000万年前，这里还是亚热带气候，所以水面要比现在高很多。温暖的气候让陆地上覆盖着的冰都化成了水，现在的荷兰马斯特里赫特市在当时是一片不太深的海。1788 年，就在刚发现第一块霍夫曼沧龙——虽然当时这种动物还没有名字——化石之后不久，人们又找到了一块完整的、带有下颌骨和牙齿的头骨化石。很遗憾的是，马斯特里赫特市在 1795 年被法国占领了，于是法国士兵们毫不客气地把这个刚刚发现的宝贝带回了巴黎。

在这种动物被发现之后的很长一段时间里，古生物学家们一直把它称作"马城巨兽"，因为他们实在不清楚它究竟是一种什么样的动物。它是鳄鱼吗？但是鳄鱼应该生活在河里，这种动物则是在海边发现的，而且鳄鱼的骨头应该比这些化石更光滑。这会不会是一种齿鲸？不对，齿鲸也不长这样啊。后来，终于有人提出，这可能是一种体形巨大的蜥蜴。这下，所有线索都能对上了。1822 年，古生物学家们正式公布了对这种巨兽的官方判断，"马城巨兽"

也有了一个很威风的名字：霍夫曼沧龙。

　　1823年，荷兰国王威廉一世试图向法国要回被抢走的霍夫曼沧龙头骨，可惜这次尝试完全是徒劳无功的。在接下来的几个世纪里，很多有名望的荷兰人都试图用自己的影响力促成霍夫曼沧龙头骨的回归，但是法国人并不吃这一套。荷兰当然归荷兰管，但是这块霍夫曼沧龙的化石在它还被称作"马城巨兽"的时候，就已经属于法国了，马斯特里赫特市就别再惦记着拿回它的化石了。就这样，马斯特里赫特自然博物馆就只能把当时那块化石复制品拿出来给人看。虽然复制品做得很精致，但那毕竟不是真的。同样的复制品，在荷兰鹿特丹自然博物馆里也能见到。

　　霍夫曼沧龙的化石大多是在荷兰马斯特里赫特市附近被发现的，但是它的生活范围要比这大得多。人们在每块大陆上都找到了它的化石，就连南极洲都有。一些古生物学家在北美洲找到了一些保存得非常完好的化石，其中还包裹着一些保存完好的内脏、肌肉和带着鳞片的皮肤，这对我们推测它存活时的相貌十分重要。霍夫曼沧龙的身长可以轻轻松松就达到17米，是地球上存在过的、体形最大的水生爬行动物之一。它的脊柱有46节，上面还连接着尾椎，骨架非常坚固。它有四条像鳍一样的腿，每条腿上都有趾骨，在它游泳的时候，可以像桨一样向前滑动。它的尾巴可以左右摆动，完成在水中的冲刺。霍夫曼沧龙的头非常大，17米长的身子，头就占了1.5米。这种食肉动物有着强健的下巴和坚硬的牙齿，它的食物包括鲨鱼、其他鱼类和海龟，它甚至还吃其他的水生爬行动物，那些可都是它的远亲。骨头和肉对它来说

都是一样的，咬起来很轻松。

近些年，人们在马斯特里赫特市附近找到了很多霍夫曼沧龙的骨架。它们都被马斯特里赫特自然博物馆收藏了。卡洛就是其中之一，这个名字源于他的发现者。最新收藏的一只霍夫曼沧龙，是在 2015 年被一位 14 岁、名叫拉斯的小朋友发现的，也是以他的名字来命名的。

这只霍夫曼沧龙的头骨、脖子、像鳍一样的四肢、尾巴和手指骨都还好好地保存着。

它的名字是怎么来的？

在拉丁语中，"Mosa" 是 "马斯" 的意思，"saurus" 是 "蜥蜴" 的意思，所以 "Mosasaurus" 指的就是在马斯河边发现的蜥蜴。"Hoffmanni" 是为了纪念约翰·列奥纳多·霍夫曼（Johann Leonard Hoffmann）医生。他参与了第一块霍夫曼沧龙化石的挖掘。只可惜，当时他认为这是一种鳄鱼。

它生活在什么时候？

8200 万年前到 6600 万年前。

它为什么会消失？

霍夫曼沧龙被称为海中的霸王龙，而且和霸王龙灭绝的时间差不多。所以它灭绝可能也是因为那颗撞上地球的巨大陨石。

我再多说两句

那块在 1766 年被发现的最早的化石，逃过了法国士兵的搜索。它现在被收藏在荷兰哈勒姆市的泰勒斯博物馆里。

远古的陆军坦克

邓氏鱼（*Dunkleosteus terrelli*）

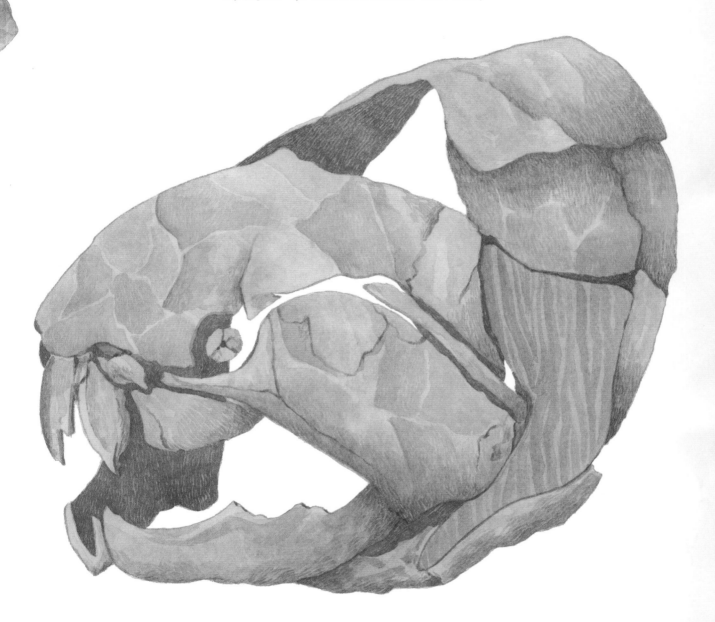

如果你在海里看到这么一条鱼，肯定会吓一跳（说不定还会尖叫出来）：它看起来就像一位凶残的嗜血角斗士一样。从它那覆盖着盔甲的身体上就能看出来，这是一种远古鱼。

邓氏鱼已经灭绝了，这对很多动物来说应该算是一个好消息。在几亿年前的海洋中存活的那些鲨鱼、普通鱼类和其他海洋生物，只要碰到邓氏鱼，都必死无疑。这种远古的鱼曾经是海洋的霸主。古生物学家们推测，它的身长能达到 10 米，体重在 3000 到 4000 千克之间，它那巨大无比的头部覆盖着非常坚硬的骨质盔甲。现在你明白了吧，这种鱼是无敌的，就像是一艘会游泳的陆军坦克。

人们在比利时、摩洛哥、波兰和美国都发现了邓氏鱼的化石，头骨发现得最多。古生物学家们根据这些头骨复原了邓氏鱼的下巴和头部的肌肉，毫不夸张地说，它的头相当厉害。它用嘴撕咬的速度非常快，咬合力比鳄鱼和霸王龙还要强。

邓氏鱼攻击的时候，不靠牙齿，好吧，其实它根本没有牙齿。邓氏鱼的嘴里长着骨板，骨板的前端凸起，和牙齿的作用差不多。它可以靠这些骨板夹住猎物，把猎物撕碎。邓氏鱼的年龄越大，嘴就越长，咬合力也就越强。小邓氏鱼可能只会攻击小型的海洋生物，但是它的爸爸妈妈和爷爷奶奶是不会放

它的名字是怎么来的？

"osteon"在古希腊语中是"骨头"的意思。1856年，第一个找到这种身披盔甲的怪鱼化石的人叫大卫·邓科，人们为了纪念他，就在1956年以邓科的名字给这种鱼命名了。

它生活在什么时候？

大约3亿6000万年前。

它为什么会消失？

邓氏鱼是在泥盆纪末期消失的。而泥盆纪被称为"鱼类的时代"。没有人知道邓氏鱼是怎么灭绝的。

我再多说两句

邓氏鱼是一个属，大概包括十几种大小不同的远古鱼，它们共同的特点就是都有骨质的盔甲。邓氏鱼属中体形最大的是泰雷尔邓氏鱼。

过任何一种海洋生物的。

所以，只有游动速度非常快、身手特别灵活的鱼才有可能逃脱邓氏鱼的追捕。毕竟邓氏鱼的体形太大了，不是非常灵活。邓氏鱼在海洋里没有什么天敌，鲨鱼都打不过它。不过邓氏鱼也不是完全没有敌人，它的敌人就是其他的邓氏鱼。古生物学家们在邓氏鱼的化石上发现了一些伤痕，他们认为这是邓氏鱼在互相打斗时留下的，毕竟它头上的骨质盔甲再坚硬，也是有可能被咬碎的。邓氏鱼看起来就是一部强有力的杀戮机器，这种动物看起来孔武有力、毫不留情，它的性格会不会和外表一样呢？我们现在没办法确定，不过实际情况很可能和我们想的一样。

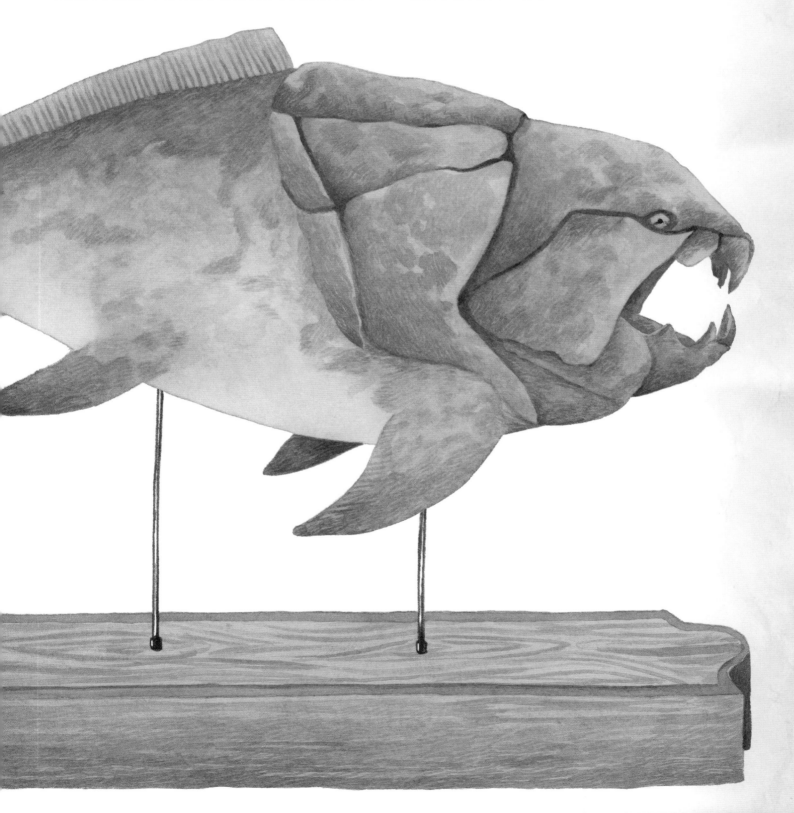

六号展厅

小可怜们专属的等候室

地球永远不会停止转动，自然界中的各种动物也会不断出现、消失。几亿年来，一直如此。只不过，现在的地球上，有一种生物正在加速其他物种的灭绝进程。你猜对了，这种讨厌的生物就是我们人类。

世界自然保护联盟（IUCN）的《世界自然保护联盟濒危物种红色名录》评估了超过 96000 种动物和植物，并且按照物种保护等级进行了分类，一共分为 6 类，从"未评估"到"灭绝"。目前，生存受到威胁的物种有 26000 种。我们要在等候室里介绍的，就是 5 种生存受到威胁的动物。

有魔力的水生生物

墨西哥钝口螈（*Ambystoma mexicanum*）

1864 年，一艘法国船从墨西哥出发，返回欧洲，船上装满奇珍异宝。在这艘船回到法国之后，其中一些宝贝被运到了法国自然保护协会，那是一批活蹦乱跳的小动物：3 只小狗、3 只小鹿和 34 只在漫长的航行过程中活下来的小家伙。不过，这些小家伙到底是什么动物呢？

其实，这并不是人类和这种动物的第一次接触。西班牙探险家弗朗西斯科·赫南德斯早在 16 世纪就在墨西哥见过这种动物，还给它起了名字，叫墨西哥钝口螈。1800 年，一个名叫亚历山大·冯·汉波特的人把两只墨西哥钝口螈送给了巴黎的蝾螈研究员。只可惜那两只墨西哥钝口螈是泡在酒精里的尸体，所以不能算数。相比之下，我们刚刚提到的这一批墨西哥钝口螈就很重要了，它们都是活蹦乱跳的。

想象一下，当时有 33 只黑色的小家伙和 1 只白色的小家伙，一起在水盆里欢快地蹦跶。它们看起来像是身材壮硕的蝌蚪，尾巴和蝌蚪一样让人印象深刻。软趴趴的四肢上长着瘦长的手指和脚趾，两条前腿各有四根手指，两条后腿上则各有五根脚趾。墨西哥钝口螈软绵绵的手脚看起来实在不像是用来走路的。它们有着大大的头和嘴，就像小精灵一样，不过它们应该算是长着角的小精灵——头的两边各长着 3 只角。靠着这副长相，墨西哥钝口螈被直接送到了自然保护协会的爬行动物部门。它们真的是爬行动物吗？

在巴黎的国家自然博物馆工作的法国人奥古斯特·杜梅里尔在听说墨西哥钝口螈的时候，心跳都加快了。我猜，当他知道自己可以获得其中 6 只的时候，肯定高兴得叫出来了。这下他可以好好地研究这些小家伙了。他最后得到了 5 只雄性和 1 只雌性。他花了很长时间观察它们，认为它们肯定是某种动物的幼体，比如是某种体形巨大的蜥蜴生下来的体形同样巨大的宝宝，毕竟它们有像蝌蚪一样的长尾巴。奥古斯特当时认为只要有

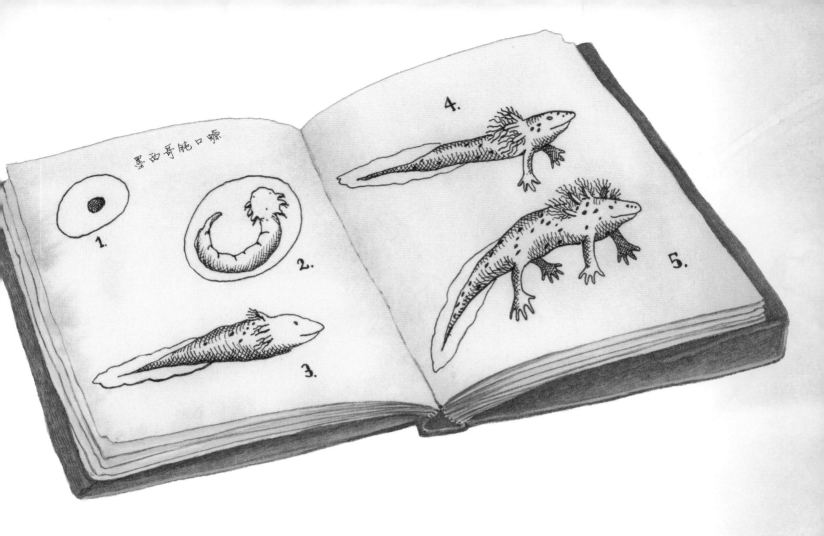

足够的耐心，它们就会长大，它们的爪子会变大，那条长得不成比例的尾巴会变短一些。

但是专家也有犯错的时候，奥古斯特就错得离谱。1865 年，在认真研究了这些小家伙整整半年之后，他只能得出一个结论，那就是它们根本不是什么幼体。这些墨西哥钝口螈的尾巴和背鳍一点儿都没变，看起来还是很像某种动物的宝宝。虽然它们看起来很年幼，但是已经开始生宝宝了。这是一个大家都懂的道理，小宝宝是不可能生出其他小宝宝的。在这之后又一年过去了，所有人都不得不承认奥古斯特的结论。因为在这批随着法国船抵达的 34 只墨西哥钝口螈当中，有一只已经死掉了，但是也有一百多只小墨西哥钝口螈出生了。

好消息是，我们现在已经很了解这种小家伙了。它属于钝口螈科，是一种两栖动物。大部分墨西哥钝口螈都是棕灰色的，身上有斑点。但也有很多墨西哥钝口螈是白色的，更准确地说，是粉色的。这是因为它们没有皮肤色素细胞，我们甚至可以直接看到它们的血管。墨西哥钝口螈是肉食性动物，喜欢吃蠕虫、虫卵、水蚤、小鱼、昆虫和蝌蚪。它们没有牙齿，吃东西靠吞。一般来说，墨西哥钝口螈只抓会动的猎物，如果猎物一动不动，它可能意识不到那是食物。这是一种浑身上下都很柔软的动物，身长一般在 10 到 30 厘米之间，一生都生活在水里，通过角上的鳃毛呼吸。墨西哥钝口螈有肺，会偶尔浮到水面上来呼吸一下新鲜空气。它其实可以在陆地上生活，但是这并不意味着这种生活是它想要的，毕竟它的四肢柔软无力，在水里游泳还可以，在地面上实在是没有什么用。如果被人拿起来放到地上，它就会像小鹿在冰上摔倒一样，摔个大马趴。

墨西哥钝口螈主要生活在墨西哥的湖泊

里，在那里它们没有什么天敌，除了偶尔来喝水的鹭或其他大型鸟类可能会把它们当作食物。但是很多年前，人们决定要在这些湖泊里养鱼，还是那种喜欢吃墨西哥钝口螈的大鱼。除此之外，在墨西哥钝口螈生活的湖泊不远处就是墨西哥城。这是一个巨型城市，每天都要消耗很多水，这里还经常发洪水。所以墨西哥钝口螈生活的湖泊就只剩下三种结局：大部分遭到生活废水污染、为了防止发生洪水被抽干或者为了给人类生活提供干净的饮用水被抽干。于是，墨西哥钝口螈的生活范围越来越小。要是它们的四肢也像蜥蜴一样强壮就好了，这样它们就能"收拾好家当"爬上岸，找个更好的地方生活。

由此可见，墨西哥钝口螈的自然生活环境差极了。自然环境中钝口螈的生活甚至比水族馆里钝口螈的生活要悲惨得多。自从那34只墨西哥钝口螈被送到巴黎之后，人们开始把它们当作宠物，墨西哥钝口螈就这样慢慢地遍布了全球。除此之外，研究人员们觉得墨西哥钝口螈身上有很多值得研究的地方，所以也把它们养在实验室里。它们似乎具备一种人类梦寐以求的技能：再生。它们的尾巴或者后腿（的一部分）受伤或者断裂后，新的部位就会自动长出来，有时候甚至能长出两条尾巴或者两条后腿，而且不会留疤。更妙的是，它们的一部分器官和一部分大脑也可以再生，还不止一次，而是在它们10 ~ 15年的生命里持续再生。人类到现在也没做到这一点，于是就想从这种神奇生物身上找到再生的密码。

它的名字是怎么来的？

"Axolotl"在纳瓦特尔语——墨西哥原住民阿兹特克人的语言——中是"水的奴隶"或者"水狗"的意思。

它生活在什么地方？

它的自然栖息地只剩一个地方了，在墨西哥城南方的霍奇米尔科湖。

它的数量还剩多少？

墨西哥钝口螈属于濒危物种。目前生活在自然界的墨西哥钝口螈已经不到1200只了。虽然很多人家里养了宠物墨西哥钝口螈，还有一些养在实验室里，但是那些都不能算数。

我再多说两句

墨西哥的土著居原住民认为墨西哥钝口螈是一种有治愈能力的动物，所以这些土著居民非常崇敬这种生物，但也会把它吃掉，认为这样能够让自己变得更加健康。直到今天，还有墨西哥人会把墨西哥钝口螈煮着或者烤着吃。

飞翔的环保菜农

蜜蜂（*Apis*）

尽管大脑只有芝麻那么大，但这并不意味着工蜂就什么都干不了。打扫卫生、照看宝宝、建筑蜂巢、效忠女王、寻找食物、养育同族……工蜂的日常还不止这些。在短短的40天里，工蜂会任劳任怨地完成所有的工作，然后安心地死去。

一个蜂巢就像是一个运转良好的小社会。无论是人工的蜂巢还是天然的蜂窝，这些小社会中的分工都非常明确。蜂后负责指挥它手下的上千名忠诚的臣民。这些臣民基本都是工蜂，数量比较少的雄蜂也完全忠于蜂后。雄蜂的工作要比工蜂稍微少一些，但是也非常重要。它们负责和蜂后交配以及调节家园的温度。如果蜂巢里面温度太高，它们就会扇动翅膀，把热气赶走；如果蜂巢里面太冷了，它们就会集体开始振动，制造更多的热量。蜂后则负责产卵，很多很多的卵。

蜜蜂不仅社会分工明确，还可以非常准确地向同类传递食物地点。早在20世纪，一位名叫卡尔·冯·弗里施的动物学家就发现了这一点，他还凭借这个发现在1973年获得了诺贝尔奖。如果食物就在离蜂巢不远的地方，蜜蜂便会跳起圆舞，一直不停地飞着画圆圈。跳舞的时候越投入、越有热情，说明那里的食物越美味。

我们人类一定要好好感谢蜜蜂。不光是因为它们可以产出蜂蜜和蜂王浆。所有蜜蜂——不管是不是人工养殖的——都可以帮到我们。它们在寻找食物的过程中，也在帮我们培育食物，只是它们自己不知道罢了。地球上70%的植物都是靠蜜蜂来授粉的。这是怎么做到的呢？

事情是这样的：花其实是植物的生殖器官，花朵里面的雄蕊——雄性生殖器官——上面的花粉，需要被带到雌蕊——雌性生殖器官——上面才行。如果这个过程进行顺利，植物就会结出种子和果实，孕育出新的植物。但是对于大部分植物来说，这个过程需要有帮手才能成功。因为花粉落到同一朵花的雌蕊上是没有用的，这有点像同一只仓鼠生出来的两只小仓鼠不能在一起繁育后代一样。所以说，一朵花雄蕊上的花粉需要被带走，落到另一朵花的雌蕊上才行。你肯定已经猜到了吧，我们的蜜蜂要登场了。它们会飞来飞去采集花蜜。花

蜂后

雄蜂

绒毛也更浓密了，这样就能沾起更多的花粉。身上绒毛最密的蜜蜂是大黄蜂。

如果没有蜜蜂，植物的数量就会减少很多，这就意味着水果、蔬菜的减少。你可能不知道，咖啡也是由植物结出来的果实加工而成，所以咖啡也会受到影响。现在问题来了，蜜蜂的数量正在日益减少，不仅是一个国家，全球的蜜蜂都在减少。就拿荷兰来说，荷兰一共有331种蜜蜂，但现在，它们中有一半以上都被收录进了濒危物种红色名录。造成这种情况的原因有很多。比如栖息地的消失、植物被水泥和沥青替代、会让蜜蜂生病甚至杀死它们的农业杀虫剂等等。经常发生的森林火灾和气候变化也是蜜蜂数量减少的原因。

蜜是一种甜美的汁液，花朵用它来吸引蜜蜂这种可以帮忙授粉的动物。蜜蜂在吸花蜜的时候会"踩在"花粉上，这样等它移动到下一朵花上的时候，就会把前一朵花的花粉带过去。好了，蜜蜂吃饱了，花也完成了授粉，皆大欢喜。

当然，蜜蜂不是唯一会帮植物授粉的动物，很多昆虫都有这样的技能，比如瓢虫、蚂蚁、蝴蝶，还有蜂鸟也可以。很多动物在蜜蜂掌握这项技能之前就已经在这么做了。不过，蜜蜂是最擅长做这件事的动物。在过去的几百万年里，它们的舌头变得更长了，让它们能够更加深入花朵，吸到更多花蜜。它们身上的

不过也有一些好消息，很多对蜜蜂有害的杀虫剂已经被禁止使用了。我们想要帮助蜜蜂存活下去其实很简单，完全不需要去研究怎么成为一名合格的养蜂人。说实话，大多数蜜蜂都不是我们能够养在蜂巢里的。野生蜜蜂的种类很多，你可以试着吸引它们到你家的花园来做客。方法很简单，种上一些蜜蜂喜欢的花或者植物，然后这些黄黑相间的小菜农就会出现。

熊蜂

黄蜂

它的名字是怎么来的？

蜂族的学名是"Anthophila"，在古希腊语中是"花朵崇拜者"的意思。

它生活在哪里？

除了南极洲，到处都有。

它的数量还剩多少？

我们也不知道。毕竟地球上一共有两万多种蜜蜂，要想全都数清楚可不是一件容易的事情。但可以肯定的是，它们的数量在减少。

我再多说两句

人类发现的最古老的蜜蜂化石有1亿年的历史，所以蜜蜂应该是经历过恐龙时代的动物。人类使用蜂蜜的历史也已经超过了15000年。人们在埃及法老图坦卡蒙的墓里发现了好几罐蜂蜜。古希腊人则认为蜜蜂是从太阳神拉的眼泪中生出来的。

行走的洋蓟

穿山甲（*Manis*）

　　两只狮子正满脸疑惑地蹲在一起，研究地上的东西，它们偶尔会伸出爪子去戳一戳那个带着尖锐甲片的奇怪小球，小球被它们一推就往前滚，滚一会儿再停下。过了一阵儿，这两只狮子觉得无聊，便起身离开了。它们大概觉得还是找一些熟悉的猎物更靠谱。

　　等这些食肉动物一走，地上的小球便打开了，冒出两条前腿和一个小鼻子。然后，这个神奇的、浑身披着闪亮盔甲的小家伙努力地找到平衡，靠两只后腿站了起来。它小心地抱着"胳膊"，开始观察四周。

　　穿山甲有 8 种。非洲有 4 种，亚洲也有 4 种。最小的一种穿山甲成年后只有半米长，最大的一种能长到 1.5 米。穿山甲的知名度并不高，这是一件非常神奇的事情。它在 5000 万

年前就已经出现在地球上了，是地球上现存的动物里最神奇的种类之一。

　　穿山甲身上覆盖着闪闪发亮的鳞片，就像屋顶上的瓦片一样，排列得很整齐，只有头的两边、胸口和肚子的位置没有鳞片。穿山甲的外表很像松果或者洋蓟。它们的眼睛很小，视力也不太好，但没关系，绝大多数穿山甲都是夜行动物，有灵敏的鼻子就足够了。穿山甲也没有牙齿，靠长长的、有力的舌头收集美味的食物。穿山甲喜欢吃白蚁、蚂蚁，如果实在没有别的食物，它们也吃白蚁、蚂蚁和蟋蟀。穿山甲进食时会用肌肉把鼻孔和耳洞都堵上，让它的食物没有机会攻击它。在用舌头抓住白蚁之后，它嘴里的肌肉会阻止吃进去的白蚁逃出它的嘴巴。一只穿山甲一年能吃掉 7000 万只

昆虫。

穿山甲的行动方式也非常神奇。它在行走的时候，主要靠自己强健、短小的后腿，穿山甲的每条后腿上都长着 5 根脚趾。它前腿上的爪子是向内卷的，每条前腿上只有 3 根脚趾。有时候，穿山甲都不让自己的前爪着地，只用关节支撑身体。它需要保护好自己的两只前爪，毕竟那是它挖洞和寻找食物的重要工具。一般来说，穿山甲喜欢独自生活，最多是两只一起过日子。它最喜欢安静、没有人打扰的生活。有些种类的穿山甲喜欢生活在树上，另外一些则喜欢在地上寻找白蚁的踪迹。

大部分穿山甲一次只能生一只小穿山甲。穿山甲在刚刚出生的时候还是软软的，身上的盔甲从它们出生的第二天开始硬化。在还没有能力保护自己的时候，小穿山甲会在妈妈的尾巴上生活一段时间。如果遇到危险，穿山甲妈妈就会抱着孩子缩成一个球，把自己和孩子一起保护起来。

不幸的是，穿山甲现在的处境很危险。人类对森林的砍伐和经常发生的森林火灾让它们的栖息地变得越来越少。 更可恶的是，还有很多偷猎者会把这种可爱的生物当作目标。

现在，穿山甲已经成为全球范围内被偷猎者伤害最多的动物。在非洲和亚洲，它们的肉会成为人们的盘中餐。它们的甲片也是一些人热衷购买的商品，这些甲片其实就是角质，和人的指甲还有头发没有什么分别。

中文穿山甲的意思是"可以挖穿一座山的动物"。中华穿山甲是唯一一种在地下过冬的穿山甲，这样它们就可以平安地度过寒冷的冬天。在民间传说里，在地下过冬的穿山甲可以自由地前往地球上的任何地方。如果传说是真的就好了，这样它们就可以一直和它们的天敌保持距离，平安地生活下去。

它的名字是怎么来的？

"Pangolin"在马来语中是"团起来的小球"的意思。"穿山甲"这名字其实更贴切。

它生活在哪里？

它生活在非洲和亚洲，栖息地从热带雨林到干燥的沙漠都有。

它的数量还剩多少？

谁也不知道。穿山甲实在太害羞了，而且特别善于隐藏自己，所以想研究出确切的穿山甲数量并不是一件容易的事情。可以确定的是，在8种穿山甲中，已经有2种被列为"极危"，另外2种被列为"濒危"，其他4种属于"易危"。

我再多说两句

2016年，有138个国家共同约定，禁止买卖穿山甲的行为。到目前为止，穿山甲的数量一直在减少，但也还是有希望的。2020年，中国已经把穿山甲从中国传统药材许可名录中删除了。

稀有的隐士

伊犁鼠兔（*Ochotona iliensis*）

1983 年，一位生物学家正在中国的天山上开展研究。这座山上到处都是岩石，偶尔能看到一些杂草、苔藓和野生的植物。突然，他在石头缝里看到了一个小小的、灰色的脑袋。他就这样和两只圆圆的小眼睛对视了一下。

这是一只伊犁鼠兔。它长得很像泰迪熊：圆滚滚、亮晶晶的眼睛，灰色带斑点的油亮皮毛和直立着的小耳朵。它们的体形很小，一般只有 20 厘米高，和兔子差不多。这种小型哺乳动物也确实是兔子的远亲。伊犁鼠兔大都生活在非常偏远的高山当中，海拔一般在 2800 到 4100 米之间，离家养的兔子是真的非常远。

它们生活的地方氧气稀薄，植物也很少，一年到头，基本到处都是雪。

伊犁鼠兔主要吃生长在岩石之间的各种草本植物、小花和植物的根，它们基本不喝水。它们的表情总是一副非常惊讶的样子，不过这也情有可原，毕竟在它们生活的地方几乎见不到人。如果突然看到有人举着一台相机，肯定会被吓一跳的。

伊犁鼠兔喜欢独自生活。这也挺好，毕竟不是所有动物都喜欢在又冷又秃的高山上生活。它们平常也基本很难遇到自己的同类，这是因为伊犁鼠兔的数量太少了，少到我们可能根本就发现不了它们。但它们最终还是被发现了。1983年，中国生物学家李维东看到了一只"小泰迪熊"。几年之后，他又发现了两只。于是，他决定给这个小可爱起个名字。

生物学家李维东非常喜欢这种灰色的小动物。在过去的35年中，他一直在研究这种动物，并且努力研究和保护它们的栖息地。他和很多志愿者一起寻找伊犁鼠兔的踪迹，但到目前为止，也仅发现了不到30只。

伊犁鼠兔被发现的时候，数量就已经很少了。在被发现之后，它们的数量还在一直减少。根据研究人员推测，伊犁鼠兔的总数应该已经减少了70%，气候变化很可能是导致它们数量减少的原因。气候越来越热，山上的积雪越来越少，雪线越来越高，伊犁鼠兔生活的地方植物越来越多。丰富的食物会将伊犁鼠兔的天敌吸引过来。因为天敌的增加，伊犁鼠兔现在已经被列为濒危动物了。如果所有动物都像李维东一样，只想跟伊犁鼠兔做朋友就好了。

它的名字是怎么来的？

李维东用自己出生地伊犁给这种鼠兔起了名字。

它生活在哪里？

在位于中国西北部的天山山脉。

它的数量还剩多少？

天山山脉中最多还有1000只伊犁鼠兔。

我再多说两句

鼠兔一共有30多种。荷兰人把它们称为"会吹口哨儿的野兔"。它们会发出像口哨儿一样的声音，用来警告自己的同伴附近有危险。不过伊犁鼠兔并不会吹口哨儿。真是可惜了，不然这种实用技能应该能让伊犁鼠兔在山里生活得更安全一些。

享受明星待遇的原始动物

犀牛（Rhinocerotidae）

荷兰莱顿市的街头，一辆马车正在穿过街道。道路两旁的人们都停下脚步，好奇地打量这辆马车上的货物。他们从来没见过这种动物：它体形巨大，马车都被压得发出了吱吱呀呀的声音，鼻子上还长着一只大角。

1741 年，一头被称作克拉拉的印度犀抵达了荷兰鹿特丹港。在这头小母犀牛只有一个月大的时候，猎人就杀死了它的妈妈。一位名叫杨·阿尔伯特·斯赫特曼的好心人收养了它。杨是荷兰东印度公司的雇员。东印度公司就是我们在介绍渡渡鸟的时候提到过的那家荷兰海上贸易公司。3 年之后，杨选择把这头犀牛宝宝托付给东印度公司的一位船长运回荷兰。

很快，克拉拉就在荷兰成了明星。它坐着专属的马车从荷兰的一个城市游历到另外一个城市。它可是当时欧洲唯一一头犀牛，人们从各地赶过来，就为了看它一眼。它还成了德国、奥地利、法国和英国王室的客人。法国国

王路易十五甚至想花钱把它买下来，只可惜它实在是太贵了，才没有成功。人们不仅给它写了歌，还写了诗。贵族女士间开始流行佩戴犀牛角假发。人们甚至还用它的名字给一艘战舰命名。克拉拉的一生就在不停的旅行当中度过了，直到 1758 年它在伦敦去世。

克拉拉当年可以说是大红大紫，这也没什么可奇怪的。毕竟越是珍稀的动物，越能吸引参观者的目光。就算是今天，第一次亲眼看到犀牛的人也会感到惊奇。不光是因为犀牛的数量稀少，这种体形巨大、浑身皮肤布满褶皱、头上长角的原始动物本身就是非常让人惊奇的存在。它看起来似乎完全没有被时光改变过，一直保持着自己原来的样子，鼻子上的角一直都在。只可惜，我们人类为了得到它的角甚至会展开杀戮。

就是这只角给犀牛招来了厄运。犀牛妈妈用角来保护自己的孩子，雄性犀牛用角来争

它生活在哪里？

白犀和黑犀生活在非洲，主要分布在南非共和国境内。爪哇犀只生活在爪哇岛。苏门答腊犀现在只分布在苏门答腊岛和加里曼丹岛。印度犀生活在印度和尼泊尔的土地上。

它的数量还剩多少？

我们不太清楚具体的数量。生物学家们推测的数字是 25000 到 28000 头之间。现存的犀牛当中，大部分都是白犀，差不多有 20000 头。黑犀的数量在 5000 头左右，印度犀应该有 2000 头。苏门答腊犀和爪哇犀的情况最糟。苏门答腊犀可能只剩下 80 头了，而爪哇犀很可能都不到 50 头。

我再多说两句

生活在非洲的两种犀牛分别是白犀和黑犀。但其实这种起名方式并不准确。非洲人把白犀称作"宽嘴唇"（wijdlip），因为它们大大的嘴很适合吃草。黑犀则被称为"三角嘴"（puntlip），它们最擅长吃树上的叶子或者灌木。英国人在了解这种犀牛的时候，不小心把"wijd"听成了"white"，也就是白色，所以就变成了白犀。既然有白犀，那么另外一种就被称为黑犀。其实两种犀牛都是灰色的，只不过白犀的颜色稍微浅一点点而已。

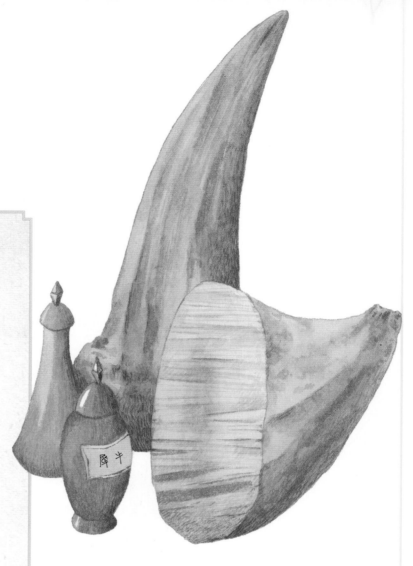

夺雌性犀牛的喜爱或与敌人争斗。犀角从小犀牛 5 周大的时候就会开始生长，每年大概能长 7 厘米。犀角几乎和黄金同价。在亚洲很多国家，比如中国和越南，人们非常喜欢用犀角制作的摆件或者饰品。还有人把犀角磨成粉当作治病的药材，但其实犀角也是角质，和人类的头发还有指甲没有任何分别。

直到前几年，猎杀犀牛和贩卖犀角仍是被允许的。好在这种行为现在已经被禁止了，所有犀牛都已经被列为受保护的物种，只不过那些可恶的偷猎者还在捕杀犀牛。犀角贸易的背后，通常都有犯罪组织在给他们撑腰。他们会

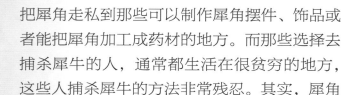

把犀角走私到那些可以制作犀角摆件、饰品或者能把犀角加工成药材的地方。而那些选择去捕杀犀牛的人，通常都生活在很贫穷的地方，这些人捕杀犀牛的方法非常残忍。其实，犀角是可以再生的，就算不杀死犀牛，也可以拿到它的角。但是偷猎者才没有这份耐心呢，他们只会直接用枪把犀牛打死，把角砍下来带走。

所以，现在生活在地球上的 5 种犀牛全都有危险。虽然白犀的数量还算比较多，但它们也不安全。至于另外四种——黑犀、印度犀、苏门答腊犀和爪哇犀——就更惨了，它们已经被列入了濒危物种红色名录。想要阻止盗猎者也不是一件容易的事情。更糟糕的是，生活在亚洲的三种犀牛还面临着栖息地减少的问题。人们把热带雨林砍掉，改造成能出产棕榈油、大米和咖啡的种植园。生活在亚洲的那些犀牛，已经很难找到自己的同类了，所以生宝宝也成了一个大问题。

我们错过了拯救西伯利亚独角兽的机会，所以我们应该行动起来，努力保护好西伯利亚独角兽的这种远亲。一种动物灭绝了，它就永远地消失了。目前，全球有几百家环保机构正在为保护犀牛做出努力，我真心希望他们能够成功。这样，到亚洲和非洲自然公园中观光的游客就还有机会看到更多像克拉拉一样可爱的犀牛宝宝。

后记

关于这本书里介绍的动物，你可能会从许许多多的人那里听到许许多多种说法，他们会分享各种各样的信息，比如：

- ◆　它们存活的具体时间
- ◆　它们到底有没有毛
- ◆　它们到底会不会飞
- ◆　它们吃什么或不吃什么
- ◆　它们为什么会灭绝
- ◆　等等等等

为了尽可能准确地介绍它们，我咨询了很多古生物学家，打了很多电话，也发了很多邮件。我阅读了很多官方研究报告，也参考了很多的信息。

我还非常认真地参观了很多自然博物馆。从美国自然博物馆到荷兰鹿特丹自然博物馆，还有法国巴黎的国家自然博物馆、荷兰莱顿自然博物馆以及荷兰马斯特里赫特自然博物馆。我个人建议你们每一家都去逛一逛。

一般来说，所有灭绝动物的骨架都是无价之宝。但是我认为，古生物学家耶勒·勒尔莫和生态学家安德烈·德·巴尔德迈尔克的脑袋也是无价之宝。他们不仅非常了解关于化石、自然和动物的有趣知识，还在我这个既不是古生物学家也不是生态学家的人的写作过程中帮助良多。请大家和我一起为他们鼓掌。

中国博物馆里的神奇动物们

中国地大物博，也是拥有很多"史前怪兽"的国家。

中国科学院下设两家国际顶尖的古生物学研究所，全世界研究化石的专家都会来这两个研究所访问。一家是位于北京的古脊椎动物与古人类研究所，他们研究的"大怪兽"可以在中国古动物馆看到；另一家是在南京的地质古生物研究所，他们研究的"小精灵"陈列在南京古生物博物馆。

云南、贵州、四川、辽宁、内蒙古等省份拥有举世瞩目的化石群，你可以在澄江化石地自然博物馆看到怪诞虫和其他寒武纪的神奇小虫，在贵州省博物馆看到巨大的海怪，在自贡恐龙博物馆看到真实的侏罗纪世界，在辽宁朝阳鸟化石博物馆看到珍贵的带羽毛恐龙和尖牙利齿的古鸟类，这些都是中国古生物学家的重大发现！

生活在都市的孩子也不用走远，北京自然博物馆、上海自然博物馆、天津国家海洋博物馆、浙江自然博物院、成都自然博物馆，都展示着国内外的精美化石和动物标本，也能让迷恋古生物的小朋友和大朋友们一饱眼福。

——中国科学院古脊椎动物与古人类研究所 古生物博士　王维

糟糕，这本书的最后一页还没有完成！
快拿出书中的贴纸把最后一页补充完整吧，想一想，一号展厅有谁来看

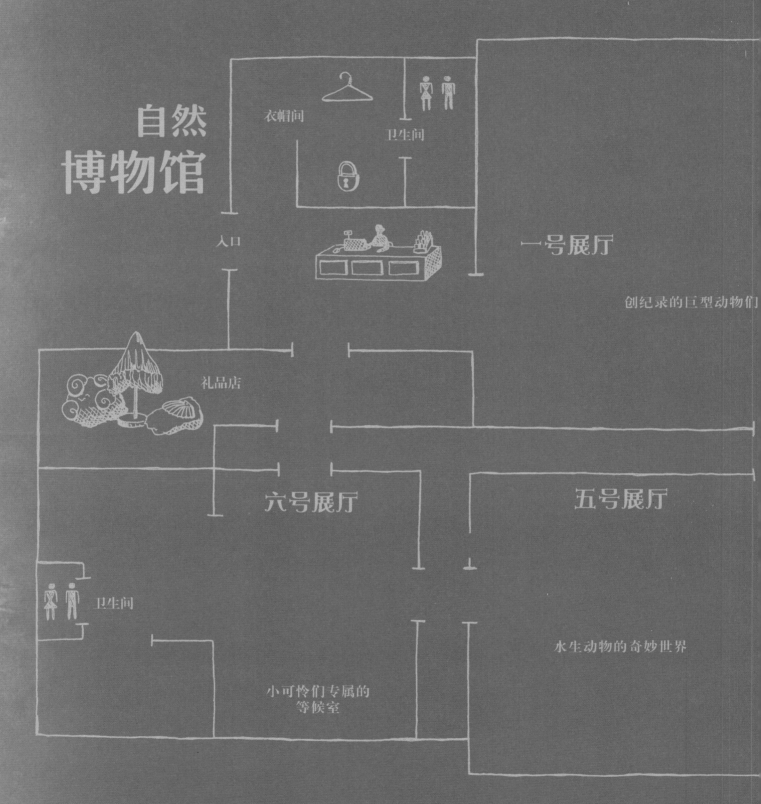

自然
博物馆

衣帽间

卫生间

入口

一号展厅

创纪录的巨型动物们

礼品店

六号展厅

五号展厅

卫生间

水生动物的奇妙世界

小可怜们专属的
等候室

大功告成！
感谢你帮忙完成了这本书。
请留下你的大名吧： 特约编辑＿＿＿＿＿＿